Lamiaa Bouamama

Analyse microbiologique des blattes et des mouches de Tanger-Maroc

AF279922

Lamiaa Bouamama

Analyse microbiologique des blattes et des mouches de Tanger-Maroc

Analyse des bactéries isolées de la blatte américaine et de la mouche domestique récoltées dans la ville de Tanger

Presses Académiques Francophones

Impressum / Mentions légales

Bibliografische Information der Deutschen Nationalbibliothek: Die Deutsche Nationalbibliothek verzeichnet diese Publikation in der Deutschen Nationalbibliografie; detaillierte bibliografische Daten sind im Internet über http://dnb.d-nb.de abrufbar.

Information bibliographique publiée par la Deutsche Nationalbibliothek: La Deutsche Nationalbibliothek inscrit cette publication à la Deutsche Nationalbibliografie; des données bibliographiques détaillées sont disponibles sur internet à l'adresse http://dnb.d-nb.de.

Coverbild / Photo de couverture: www.ingimage.com

Verlag / Editeur:
Presses Académiques Francophones
ist ein Imprint der / est une marque déposée de
OmniScriptum GmbH & Co. KG
Heinrich-Böcking-Str. 6-8, 66121 Saarbrücken, Deutschland / Allemagne
Email: info@presses-academiques.com

Herstellung: siehe letzte Seite /
Impression: voir la dernière page
ISBN: 978-3-8416-2042-2

Zugl. / Agréé par: Tanger, Université Abdelmalek Essaadi, 2009

À mon cher Mari Samir et mes deux petites filles Fayrouz et Wassila.

Sommaire

Préambule... 8

Remerciements.. 9

Liste des abréviations.. 12

Liste des cartes... 13

Liste des figures... 14

Liste des tableaux 15

RESUMES (Français et Anglais).. 16

INTRODUCTION GENERALE 20

PREMIERE PARTIE : REVUE BIBLIOGRAPHIQUE   29

I. Introduction.. 29

II. Blattes américaines.. 29

II.1 Origine et distribution.. 29

II.2 Description et cycle de vie.. 30

II.3 Comportement trophique.. 31

II.4 Importance médicale... 32

II.5 Stratégies de lutte... 36

     a. Prévention.. 36

     b. Systèmes de piégeage.. 37

     c. Lutte chimique... 37

     d. Lutte biologique.. 38

III. Mouches domestiques.. 38

III.1 Description et cycle de vie... 38

     a. Œufs.. 39

     b. Larves (asticots) 39

     c. Pupe... 39

     d. Adulte.. 40

III.2 Comportement trophique... 41

III.3 Ecologie... 41

III.4 Importance économique et médicale....................................... 42

    a. Nuisance... 42

    b. Pathologies associées... 43

    c. Mécanismes de transmission des agents pathogènes........................ 47

III.5 Stratégies de lutte.. 49

    a. Amélioration de l'hygiène... 49

    b. Pièges et appâts.. 49

    c. Lutte chimique.. 51

    d. Lutte biologique.. 52

    e. Stérilisation de *Musca domestica*.................................... 54

    f. Odeurs attractives.. 54

IV. Bactéries pathogènes isolées de *Periplaneta americana* et de *Musca* 55
domestica..

IV.1 *Salmonella*... 55

IV.2 *Shigella*... 56

IV.3 *Klebsiella*... 57

    a. Epidémiologie... 57

    b. *Klebsiella* et Arthropodes... 58

    c. Facteurs de pathogénicité du genre *Klebsiella*....................... 58

      i. Antigènes capsulaires... 59

     ii. Pili (Fimbriae) 60

   iii. Sidérophores.. 60

    iv. Lipopolysaccharides (LPS) 62

IV.4 *Escherichia coli*... 64

    a. Caractéristiques générales.. 64

    b. *E. coli* productrice de la toxine Shiga (STEC) 65

    c. *Escherichia coli* et les Arthropodes................................. 65

    d. Facteurs de virulence... 66

      i. Adhésine.. 66

     ii. Intimine.. 66

iii.	Entérohémolysine..	66
iv.	Facteurs nécrotisants...	66
v.	La toxine Shiga...	67
vi.	Les bactériophages...	68
vii.	Bactériophages-stx$_2$	68
viii.	Aérobactine...	68

IV.5 *Proteus*.. 70

IV.6 *Campylobacter*... 71

IV.7 *Yersinia* 71

IV.8 *Vibrio*.. 72

IV.9 *Pseudomonas*.. 73

IV.10 *Staphylococcus*.. 74

IV.11 Autres bactéries.. 74

V. Conclusion... 75

DEUXIEME PARTIE : TRAVAUX EXPERIMENTAUX   80

Chapitre I : dénombrement des bactéries isolées des Blattes américaines et des mouches domestiques capturées dans les 6 quartiers étudiés   80

I. Introduction.. 80

II. Données générales sur les sites de récolte d'insectes.................... 82

II.1 Données géographiques et démographiques............................. 82

II.2 Quelques données épidémiologiques..................................... 86

III. Dénombrement des bactéries dans les six quartiers sélectionnés........ 86

IV. Analyse statistique.. 87

V. Résultats... 88

V.1 Introduction... 88

V.2 Comparaison des charges bactériennes dans les six quartiers sélectionnés......... 88

V.2.1 Comparaison des charges bactériennes portées par les mouches dans les six quartiers d'étude... 88

V.2.2 Comparaison des charges bactériennes portées par les blattes de six quartiers d'étude... 90

VI. Discussion et conclusions.. 92

Chapitre II : Identification des bactéries isolées des Blattes américaines et des mouches   98
domestiques capturées dans les 6 quartiers étudiés

I.   Matériel et méthodes.. 98

   I.1 Staphylocoques.. 98

     I.1.1 *Staphylococcus aureus*.. 98

       a.   Test de la Catalase.. 98

       b.   Test de la Staphylocoagulase.. 99

       c.   Test de la Thermonucléase... 99

       d.   Recherche du RF et de la protéine A...................................... 100

       e.   Galerie d'identification API Staph.. 100

     I.1.2 Staphylocoques à coagulase négative (SCN) 101

   I.2 Entérocoques.. 101

   I.3 Entérobactéries.. 103

     I.3.1 Entérobactéries non pathogènes... 103

       a.   Test oxydase... 103

       b.   Test Uréase-Indole... 103

       c.   Test Lactose-Glucose-H_2S (milieu Kligler-Hajna) 104

       d.   Test à l'ONPG... 105

       e.   Assimilation du citrate... 105

       f.   Mannitol-Mobilité... 105

       g.   Galerie d'identification **API 20E** 106

     I.3.2 Entérobactéries pathogènes... 106

       a.   Pré-enrichissement.. 106

       b.   Enrichissement.. 106

       c.   Isolement.. 107

       d.   Identification.. 107

II.   Résultats... 109

   II.1 Staphylocoques.. 109

     a.   Staphylocoques isolés de deux espèces d'insectes............................ 109

     b.   Staphylocoques isolés dans les six quartiers étudiés......................... 110

     c.   Synthèse des résultats.. 110

II.2 Entérocoques... 111

    a. Entérocoques isolés de deux espèces d'insectes................................... 111

    b. Entérocoques isolés de six quartiers étudiés....................................... 111

    c. Synthèse des résultats.. 112

II.3 Bacilles Gram-négatif.. 113

    a. Bacilles Gram-négatif isolées de deux espèces d'insectes........................ 113

    b. Bacilles Gram-négatif isolées de six quartiers étudiés............................ 114

    c. Synthèse des résultats.. 117

II.4 Synthèse des résultats.. 119

III. Discussion et conclusions.. 121

Chapitre III : Etude de la sensibilité des bactéries isolées aux antibiotiques   126

I. Introduction... 126

II. Matériel et Méthodes... 127

    II.1 Staphylocoques.. 127

        a. Préparation des souches et des antibiotiques à étudiées........................... 127

        b. Méthode de micro-dilution.. 129

    II.2 Entérocoques.. 130

    II.3 Entérobactéries.. 131

III. Résultats... 134

    III.1 Introduction.. 134

    III.2 Staphylocoques... 134

        a. Sensibilité des Staphylocoques selon l'insecte.................................... 134

        b. Sensibilité des Staphylocoques selon le quartier.................................. 137

    III.3 Entérocoques... 137

        a. Sensibilité d'Entérocoques selon l'insecte.. 137

        b. Sensibilité d'Entérocoques selon le quartier...................................... 138

    III.4 Bacilles à Gram-négatif... 139

        a. Sensibilité des bacilles à Gram-négatif selon l'insecte........................... 139

        b. Sensibilité des bacilles à Gram-négatif selon le quartier......................... 141

IV. Discussion et conclusions... 142

**Chapitre IV : Etude des mécanismes de virulence des souches *d'E. coli* et de   147
Klebsiella sp. isolées des insectes**
  I. Introduction... 147

  II. Matériel et méthodes.. 147

   II.1 Matériel... 147

    a. Souches bactériennes de contrôle-positif.. 147

    b. Primers.. 148

    c. Milieu de culture et croissance bactérienne...................................... 149

   II.2 Techniques de génétique moléculaire.. 149

    d. Extraction des acides nucléiques (ADN) 149

    e. Réaction d'amplification d'ADN : PCR.. 150

    f. Electrophorèse d'ADN sur gel d'agarose.. 151

    g. Quantification d'ADN sur gels d'agarose.. 152

  III. Résultats.. 153

   III.1 Recherche des souches d'*E. coli* porteuses du fragment de gène stx_2 de 378 pb... 153

   III.2 Détection du gène Aérobactine de 1500 pb chez les souches d'*E. coli*............. 154

   III.3 Détection du gène Aérobactine de 1500 pb chez les souches de *Klebsiella* sp. 155

   III.4 Recherche du gène *Nucleo* 1 du LPS chez les souches de *Klebsiella* sp. 156

   III.5 Recherche du gène *Nucleo* 2 du LPS chez les souches de *Klebsiella* sp. 157

  IV. Discussion et conclusions.. 158

CONCLUSION ET PERSPECTIVES.. 162

REFÉRENCES BIBLIOGRAPHIQUES.. 166

ANNEXES... 180

  Annexes I... 180

  Annexes II.. 183

Préambule

Le présent travail a été réalisé au sein du Laboratoire de Biologie Appliquée et Sciences de l'Environnement, équipe de recherche : Biologie Appliquée et Sciences de l'Environnement, Faculté des Sciences et Techniques de Tanger. Maroc. Sous la direction des Professeurs Mariam LEBBADI et Ahmed AARAB.

Ce travail a été financé par :

- ✓ la bourse d'excellence octroyée par le Centre National pour la Recherche Scientifique et Technique et ce dans le cadre du programme des bourses de recherche initié par le Ministère de l'Education Nationale, de l'Enseignement Supérieur, de la Formation des Cadres et de la Recherche Scientifique ;
- ✓ Vicerrectorado de Investigación de la Universidad de Granada et ce dans le cadre d'une action intégrée entre la faculté de médecine de Grenade et la FST de Tanger ;
- ✓ Agencia Española de Cooperación Internacional (AECI) ;
- ✓ Le Pôle d'Excellence Régional – AUF. Centre des Etudes Environnementales Méditerranéennes (FST-Tanger).

Remerciements

*J'ai une pensée particulière pour le Professeur **Fouad SAYAH** chef du laboratoire de Biologie Appliquée et Sciences de l'Environnement de la Faculté des Sciences et Techniques de Tanger qui m'a accepté dans son laboratoire il y a des années maintenant, pour ses conseils et son soutien mais qui, tristement, n'a pas pu voir l'aboutissement de ce travail.*

*Je voudrais également remercier le Professeur **Mariam LEBBADI** et le Professeur **Ahmed AARAB**, qui ont dirigé mes recherches en continuité au travail du DESA et de m'avoir confié ce sujet. Je les remercie également pour les précieux conseils qu'ils m'ont prodigués tout au long de ces années. J'apprécie en eux leurs qualités humaines, leurs encouragements et leur disponibilité. Leurs compétences et enthousiasme m'ont soutenu sans cesse au cours de mes années de thèse. Qu'ils trouvent ici le témoignage de ma profonde reconnaissance et gratitude.*

*Monsieur Le Professeur **Badr-Din ROSSI** de la Faculté des Sciences et Techniques de Tanger a bien voulu m'honorer en présidant le jury de ma thèse. Qu'il trouve ici l'expression de ma reconnaissance et de ma gratitude les plus profondes.*

*J'adresse mes remerciements au Professeur **José GUTIERREZ** responsable du département de Microbiologie à la faculté de Médecine à l'Université de Grenade, de m'avoir accueilli dans son laboratoire et d'avoir accepté de diriger une partie de ce travail. Je le remercie également pour sa contribution à ce travail, notamment pour l'aide financière qu'il m'a apportée dans la réalisation de mes recherches de thèse.*

*Je tiens particulièrement à remercier le Professeur **Antonio SORLOZANO** de la faculté de Médecine à l'Université de Grenade, pour avoir participé activement à ce travail. Je le remercie également pour ces précieux conseils et pour toute l'aide qu'il m'a apportée durant mes premiers pas dans ce laboratoire et à la rédaction d'un article.*

*J'adresse mes vifs remerciements au Professeur **Juan TOMAS MAGANA** de la faculté de Biologie de l'Université de Barcelone pour son accueil au sein de son équipe. Qu'il retrouve ici l'expression de mon entière gratitude et le témoignage de ma reconnaissance. Sans oublier son aide précieuse pour l'obtention d'une bourse d'AECI. Je le remercie également pour l'intérêt qu'il a accordé à ce travail et pour le temps qu'il a consacré à l'évaluation de ce manuscrit et pour avoir accepté de juger ce travail de thèse.*

*Un remerciement spécial au Professeur **Miquel REGUE** responsable du département de Microbiologie à la faculté de Pharmacie de l'Université de Barcelone d'avoir participé efficacement à la contribution de ce travail. Je le remercie également pour son aide technique inestimable et ses conseils précieux lors des mes expériences de PCR, ainsi qu'à ses fructueuses discussions et pour avoir accepté de juger mon travail de thèse. Je lui dois toute ma reconnaissance et admiration.*

Mes remerciements les plus respectueux vont au professeur **Oumnia HIMMI**, de l'Université Mohamed V-Agdal de Rabat, qui m'a fait l'honneur de juger ce travail et d'en être rapporteur. Qu'elle trouve ici l'expression de ma profonde reconnaissance.

Monsieur Le Professeur **Abdeslam ENNABILI**, de l'Université Sidi Mohamed Ben Abdellah-Fès a bien voulu m'honorer de juger les travaux de ma thèse et d'en être rapporteur. Qu'il trouve ici l'expression de ma reconnaissance et de ma gratitude les plus profondes.

Je tiens tout particulièrement à exprimer ma profonde considération et mon amitié au Professeur **Amin LAGLAOUI** de la faculté des Sciences et Techniques de Tanger. Merci pour votre aide, pour votre soutien ainsi que pour vos encouragements et fructueuses discussions. Merci également de m'avoir honoré en acceptant de faire partie du jury de cette thèse.

Toute ma gratitude va au professeur **Susana MERINO MONTERO** de la faculté de Biologie de l'Université de Barcelone pour son aide et ses conseils, plus particulièrement sur la partie biologie moléculaire, mais également son encouragement perpétuel.

Je remercie également l'ensemble des enseignants de la faculté des Sciences et technique de Tanger qui ont participé à ma formation universitaire.

Je profite de l'occasion aussi pour adresser mes remerciements à tout mes collègues docteurs et doctorants du laboratoire de Biologie Appliquée et Sciences de l'environnement pour leur aide précieuse durant la récolte de mes échantillons et pour avoir créé une ambiance sympathique d'entraide. Je citerai plus particulièrement **Nourddin BOUAYAD**.

J'adresse également mes remerciements à tous les membres du département de Microbiologie de la faculté de Biologie et de pharmacie de l'Université de Barcelone qui ont beaucoup facilité mon intégration au laboratoire.

Un grand merci pour ma chère amie **Fatiha BENYAHYA** de l'Institut Pasteur de Tanger pour son amabilité et sa gentillesse. Je remercie également l'ensemble du personnel de l'Institut Pasteur pour leur soutien et leur gentillesse plus particulièrement **Mr. Abd errezak** et son épouse.

Je ne pourrais pas terminer mes remerciements sans rendre le grand hommage ainsi que mon grand amour à mes chers parents : **Mohammed BOUAMAMA** et **Khadija DARKAOUI**, pour les valeurs que vous m'avez inculqué, pour votre éducation exemplaire vos sacrifices et soutien indéfinis tout au long de mes années d'études, votre générosité et votre patience. Merci pour toutes les belles choses que vous avez faites pour moi.

Je ne laisse pas passer cette occasion sans adresser mes vifs remerciements à mes sœurs **Sanaa** et **Mariam**, à mes frères **Khalid**, **Ismail** et **Youness**, pour les moments de joie, de bonheur et de compréhension qu'ils m'ont accordés, ainsi qu'à leur soutien moral et les encouragements qu'ils n'ont jamais cessé de me préserver. Merci *également à **Ahmed BOUMEDIAN** et **Omar AMJJAR**, les maris de mes sœurs Sanaa et Mariam respectivement, pour leur soutien, gentillesse et encouragements durant mes années d'études.*

Enfin, que toute personne ayant contribué de près ou de loin à l'élaboration de ce travail, trouve ici l'expression de ma sincère et de ma totale satisfaction.

Abréviations

A-B

ADN: acide désoxyribonucléique

BM: Banimakada

BD: Bendiban

A + T: Adenine + Thymine

AMC: amoxicilline-ac. Clavulanique

AK: amikacine

AMP: ampicilline

C-D-E

CA : Castilla

CAZ: ceftazidime

DAP: daptomycine

CF : Charf

CIP: ciprofloxacine

CLI: clindamycine

CMI : Concentration Minimale Inhibitrice

Da/kDa: Daltons / Kilo Daltons

DAP: daptomycine

dNTP : désoxyribonucléotide triphosphate

EDTA: acide éthylène-diaminotetra-acétique

EHEC: *E. coli* entérohémorragique

EPEC: *E. coli* entéropathogénique

ETP: értapénème

ERY: érythromycine

F-G

FEP: céfépime

FOX; céfoxitine

G+C: guanine + cytosine

GM: gentamicine

H-I-J-K

IMI: imipénème

Km: kanamicine

L-M

LB: milieu de culture Luria-Bertani

LEV: levofloxacine

OXA: oxacilline

LNZ: linézolide

LPS: lipopolysaccharide

MEM: méropénème

MD: *Musca domestica*

P-Q

PA: *Periplaneta americana*

pb: paires de bases

PCR: réaction en chaine de la polymérase

(*polymerase chain reaction*)

PEN: pénicilline

PM : Place Mozart

PM: poids moléculaire

PTZ: pipéracilline-tazobactam

R-S

RF : récepteur du fibrinogène

RGPH : Recensement Général de la Population et de l'Habitat

SCN : Staphylocoques à coagulase négative

SDS: sodium dodecile sulfate

SXT: cotrimoxazole

T-U-V-W-X-Y-Z

UFC : unité formant colonie

TBE: tampon Tris-borate-EDTA

VAL : Val fleuri

VAN: vancomycine

Tm: temperature d'hybridacion

ADN/primer

LISTE DES CARTES

Carte I : Localisation des stations d'échantillonnage choisis pour la capture des *Periplaneta americana* et des *Musca domestica*.. 81

Carte I I : Carte du Maroc avec la situation géographique de la ville de Tanger.. 83

LISTE DES FIGURES

Figure 1: Blattes américaines, (*Periplaneta americana* Linnaeus, 1758).................... 31

Figure 2 : Blattes américaines avec leursexcréments... 36

Figure 3 : *Aprostocetus hagenowii* (Ratzeburg).. 38

Figure 4 : Cycle de vie de la mouche domestique *Musca domestica* (Linnaeus)............ 40

Figure 5a : Modèle simple de piège à mouches.. 50

Figure 5b : Piège à mouches contenant un appât liquide attractif et odorant................ 50

Figure 6 : Guêpe (*Pteromalide parasitoïde*) de la pupe de la mouche d'étable et de la 53
mouche domestique. Jim Kalisch, University of Nebraska – Lincoln.......................

Figure 7 : Représentation schématique des facteurs de pathogénicité du genre 59
Klebsiella...

Figure 8 : Représentation schématique d'une cellule d'*E. coli* en interaction avec un 70
tissu-hôte..

Figure 9 : Nombre moyen des Entérobactéries isolées des mouches domestiques 89
capturées dans les six quartiers de Tanger..

Figure 10 : Nombre moyen des *Staphylococcus* isolés des mouches domestiques 90
collectées dans les six quartiers de Tanger...

Figure 11: Nombre moyen des Entérobactéries isolées des blattes américaines 91
collectées dans les six quartiers de Tanger.. ....

Figure 12: Nombre moyen des Staphylocoques isolés des blattes américaines collectées 92
dans les six quartiers de Tanger...

Figure 13 : Clés d'identification des Entérocoques et des Staphylocoques................... 102

Figure 14 : Clés d'identification des principaux genres des Entérobactéries isolées des 108
insectes..

Figure 15 : Méthodes de dilution.. 126

Figure 16 : Schéma récapitulatif de la méthode de micro-dilution suivie.................... 133

Figure 17 : Gel d'agarose à 1,5% après coloration avec le Bromure d'Ethidium 153
montrant la bande correspondant au fragment du gène de la toxine Stx2 chez *E. coli*......

Figure 18: Gel d'agarose à 0,8% après coloration avec le Bromure d'Ethidium montrant 154
la bande correspondant au fragment du gène d'aérobactine chez *E. coli*......................

Figure 19: Gel d'agarose à 0,8% après coloration avec le Bromure d'Ethidium montrant 155
la bande correspondant au fragment du gène d'aérobactine chez *Klebsiella* sp.............

Figure 20: Gel d'agarose à 0,8% après coloration avec le Bromure d'Ethidium montrant 156
la bande correspondant au fragment du gène Nucleo 1 chez *Klebsiella* sp..................

Figure 21: Gel d'agarose à 0,8% après coloration avec le Bromure d'Ethidium montrant 157
la bande correspondant au fragment du gène Nucleo 2 chez *Klebsiella* sp..................

LISTE DES TABLEAUX

Tableau 1: Population et effectifs des ménages des communes de la province de Tanger-Assilah aux recensements de 1994 et 2004. 82

Tableau 2: Répartition des ménages du milieu urbain de la région Tanger-Tétouan selon le type d'habitat aux RGPH 1994 et 2004 (%) 84

Tableau 3: Pourcentage des ménages du milieu urbain de la région Tanger-Tétouan selon le mode d'évacuation des eaux usées au RGPH 2004. 84

Tableau 4 : Principales caractéristiques des 6 quartiers de récoltes des insectes......................... 85

Tableau 5 : Nombre de cas de maladies enregistrés dans les quartiers de Tanger pour l'année 2005-2006. Source : Service d'épidémiologies de la Délégation de Santé de Tanger........................... 86

Tableau 6 : Répartition des Staphylocoques selon l'insecte... 109

Tableau 7 : Répartition des Staphylocoques selon le quartier.. 110

Tableau 8 : Répartition des Staphylocoques selon l'insecte et le quartier.................................... 111

Tableau 9 : Répartition des Entérocoques selon l'insecte... 111

Tableau 10 : Répartition des Entérocoques selon le quartier... 112

Tableau 11 : Répartition des Entérocoques selon l'insecte et le quartier.................................... 112

Tableau 12 : Répartition des Entérobactéries selon l'insecte.. 114

Tableau 13 : Répartition des Entérobactéries selon le quartier... 116

Tableau 14 : Répartition des Entérobactéries selon l'insecte et le quartier.............................. 118

Tableau 15 : Répartition des Entérobactéries, Staphylocoques et Entérocoques isolés de deux espèces d'insecte dans les six quartiers de Tanger... 120

Tableau 16 : Concentrations stock des antibiotiques utilisés pour étudier la sensibilité des Staphylocoques.. 128

Tableau 17 : Concentrations stock des différents antibiotiques utilisés pour étudier la sensibilité des Entérocoques. 130

Tableau 18 : Concentrations stock des antibiotiques utilisés pour étudier la sensibilité des Entérobactéries. 131

Tableau 19: Sensibilité des Staphylocoques isolés de blattes américaines et de mouches domestiques.. 136

Tableau 20: Pourcentage de la sensibilité des Staphylocoques isolés de six quartiers de Tanger...... 137

Tableau 21 : Sensibilité d'Entérocoques isolés de mouches domestiques et de blattes américaines.... 138

Tableau 22 : Pourcentage de la sensibilité d'Entérocoques isolés de six quartiers de Tanger........... 138

Tableau 23 : Sensibilité des bacilles à Gram-négatif isolées de mouches domestiques et de blattes américaines.. 140

Tableau 24 : Pourcentage de la sensibilité des bacilles à Gram-négatif isolées de six quartiers de Tanger... 141

Tableau 25 : Souches bactériennes de contrôle-positif utilisées dans cette étude.......................... 148

Tableau 26 : Paires de primers utilisées dans cette étude.. 149

Tableau 27: Composition et conditions de la réaction d'amplification avec l'EcoTaq ADN polymérase. 151

Tableau 28 : composition du tampon TBE 5X. 152

Tableau A : Concentrations critiques et lecture interprétative pour les Staphylocoques (CLSI, 2007). 180

Tableau B : Les dilutions d'antibiotiques utilisées pour les Staphylocoques (en mg/l ou en µg/ml)...... 180

Tableau C : Concentrations critiques et lecture interprétative pour les Entérocoques (CLSI, 2007)...... 181

Table D : Les dilutions d'antibiotiques utilisées pour les Entérocoques (en mg/l ou en µg/ml).......... 181

Tableau E : Concentrations critiques et lecture interprétative pour les Entérobactéries (CLSI, 2007)... 181

Tableau F : Les dilutions d'antibiotiques utilisées pour les Entérobactéries (en mg/l ou en µg/ml)....... 182

RESUME

Musca domestica et *Periplaneta americana* sont intimement liées à l'Homme. Elles peuvent porter sur leur corps et dans leur tube digestif de nombreux agents pathogènes pour l'Homme et l'animal. En plus, elles se sont impliquées dans la transmission des maladies, plus particulièrement des maladies nosocomiales dues aux bactéries multi-résistantes dans le milieu hospitalier et extrahospitalier.

Dans le présent travail, les blattes américaines (*P. americana*) et les mouches domestiques (*M. domestica*) ont été récoltées de six quartiers de la ville de Tanger (Banimakada, Bendiban, Castilla, Val fleuri, Place mozart et Charf) afin d'étudier leur profil microbiologique et antibiotique.

En premier lieu, nous avons dénombré les espèces de *Staphylocoques* et d'Entérobactéries portées par les deux espèces d'insecte et dans les six quartiers de la ville. Cette analyse a montré d'une part une différence significative entre la charge de ces bactéries en provenance des blattes américaines et celle des mouches domestiques et d'autre part une différence significative entre les charges bactériennes des six quartiers d'étude. Le quartier Banimakada enregistre les plus hautes concentrations bactériennes au niveau des corps de mouches et blattes. Tandis que les plus faibles nombres de bactéries sont trouvés dans les quartiers Val fleuri, Charf et Place Mozart.

En second lieu, les espèces bactériennes isolées ont été identifiées pour étudier leur sensibilité à plusieurs antibiotiques. Ainsi, 251 espèces bactériennes pathogènes ou potentiellement pathogènes sont isolées des corps d'insectes, et leur sensibilité à des antibiotiques est déterminée. Les bactéries prédominantes sont *Escherichia coli*, *Klebsiella* sp., *Providencia* sp., *Staphylococcus* sp. et *Enterococcus* sp. On n'a pas trouvé de différences notables entre les isolats bactériens des blattes et des mouches. Quant à la sensibilité des bactéries isolées, on a trouvé que tous les bacilles Gram-négatif sont sensibles aux carbapénèmes et aux aminoglycosides. Aussi, tous les Staphylocoques sont sensibles à la linézolide, vancomycine, daptomycine, lévofloxacine et à la cotrimoxazole. On n'a pas trouvé de résistance chez tous les isolats d'Entérocoques.

En troisième lieu, on a étudié certains mécanismes de pathogénicité chez les souches d'*E. coli* et de *Klebsiella* sp. rencontrées, tels la toxine Stx_2, le système de captation du fer (aérobactine) et les deux types du noyau de LPS chez les isolats de *Klebsiella*. Ainsi, toutes les souches d'*E. coli* sont non porteuses du gène codifiant la toxine Stx_2, alors qu'un seul isolat d'*E. coli* provenant de la mouche domestique du quartier Banimakada est trouvé porteur du gène d'aérobactine. Les isolats de *Klebsiella* sp. ne possèdent ni le type 1 du noyau de LPS ni le type 2, mais probablement un autre type du noyau non encore déterminé par de travaux antérieurs. Cependant, on a isolé une seule souche de *Klebsiella* aérobactine-positive de la mouche domestique provenant du quartier Val fleuri.

Enfin, nous avons pu conclure d'après les résultats de ce travail que *Musca domestica* et *Periplaneta americana* peuvent jouer le rôle d'indicateurs biologiques de conditions d'hygiène de chaque quartier. Malgré le fait que les mouches et les blattes collectées des zones résidentielles de Tanger puissent être des vecteurs d'agents pathogènes humains, et causer des infections, ces derniers, peu ou pas virulentes, s'avèrent facilement traitables du fait de leur haute sensibilité aux antibiotiques d'usage routinier dans la Commune ou dans l'hôpital.

Mots-clés : bactéries, hygiène, indicateur biologique, *Musca domestica*, *Periplaneta americana*, résistance aux antibiotiques, virulence.

ABSTRACT

Quantitative and qualitative analysis of bacteria isolated from the American cockroach (*Periplaneta americana*) and the housefly (*Musca domestica*) collected in six districts of Tangier

Musca domestica and *Periplaneta americana* are closely associated to Human. They can carry many pathogens for humans and animals on their bodies and in their digestive tract. In addition, they are involved in the transmission of diseases, especially nosocomial infections caused by multi-resistant bacteria in the hospital and extra hospital environment.

In this work, American cockroaches and Houseflies were collected from six districts of Tangier City (Banimakada, Bendiban, Castilla, Val Fleuri, Place Mozart and Charf) to study their microbial and antimicrobial profile.

First we enumerated species of *Staphylococcus* and *Enterobacteria* carried by two species of insect from the six City districts. This analysis showed on the one hand, that there was a significant difference between the load of these bacteria from the American cockroaches and Houseflies. On the other hand, there was also a significant difference between the bacterial loads in the six districts studied and the district Banimakada recorded the highest bacterial concentrations of flies and cockroaches bodies, while the lowest loads of these bacteria were found in Val fleuri, Charf and Place Mozart.

Secondly, the bacterial isolates were identified to study their susceptibility to several antibiotics. Thus, 251 pathogenic bacteria were isolated from the external body of these two species of insects and their antimicrobial susceptibility was determinate. The predominant bacterial species were *Escherichia coli*, *Klebsiella* spp., *Providencia* spp., *Staphylococcus* spp. and *Enterococcus* spp. There was no notable difference between the species of bacterial isolates from American cockroaches and Houseflies. All the gram-negative bacilli isolated in this study were found susceptible to carbapenems and aminoglycosides. Also, all *Staphylococcus* spp. were found susceptible to linezolid, vancomycin, daptomycin, levofloxacin and cotrimoxazole. There was no antibiotic resistance in *Enterococcus* spp.

Thirdly, we studied mechanisms of pathogenicity in strains of *E. coli* and *Klebsiella* spp., like for example Stx_2 toxin, the captation system of iron (aerobactin) and the two types of LPS core from the isolates of *Klebsiella*. All strains of *E. coli* were not carried of the gene codifying the Stx_2 toxin. Whereas, one *E. coli* isolate from housefly from Banimakada district is found carried the gene of aerobactin .Also, the *Klebsiella* isolates have neither the type 1 or type 2 of LPS core. Probably they carry another type of core no yet determined by previous work. However, we have isolated one strain of *Klebsiella* aerobactin-positive from housefly from Val fleuri district.

Finally, we conclude from the results of this work that *Musca domestica* and *Periplaneta americana* can act as biological indicators of hygienic conditions of each district. Also, although both cockroaches and flies collected from residential areas may be vectors of human pathogens and they could cause infections, easily treatable by using antibiotics used in Communes or in hospitals.

Keywords: bacteria, hygiene, biological indicator, *Musca domestica, Periplaneta americana*, antimicrobial resistance, virulence, Tangier.

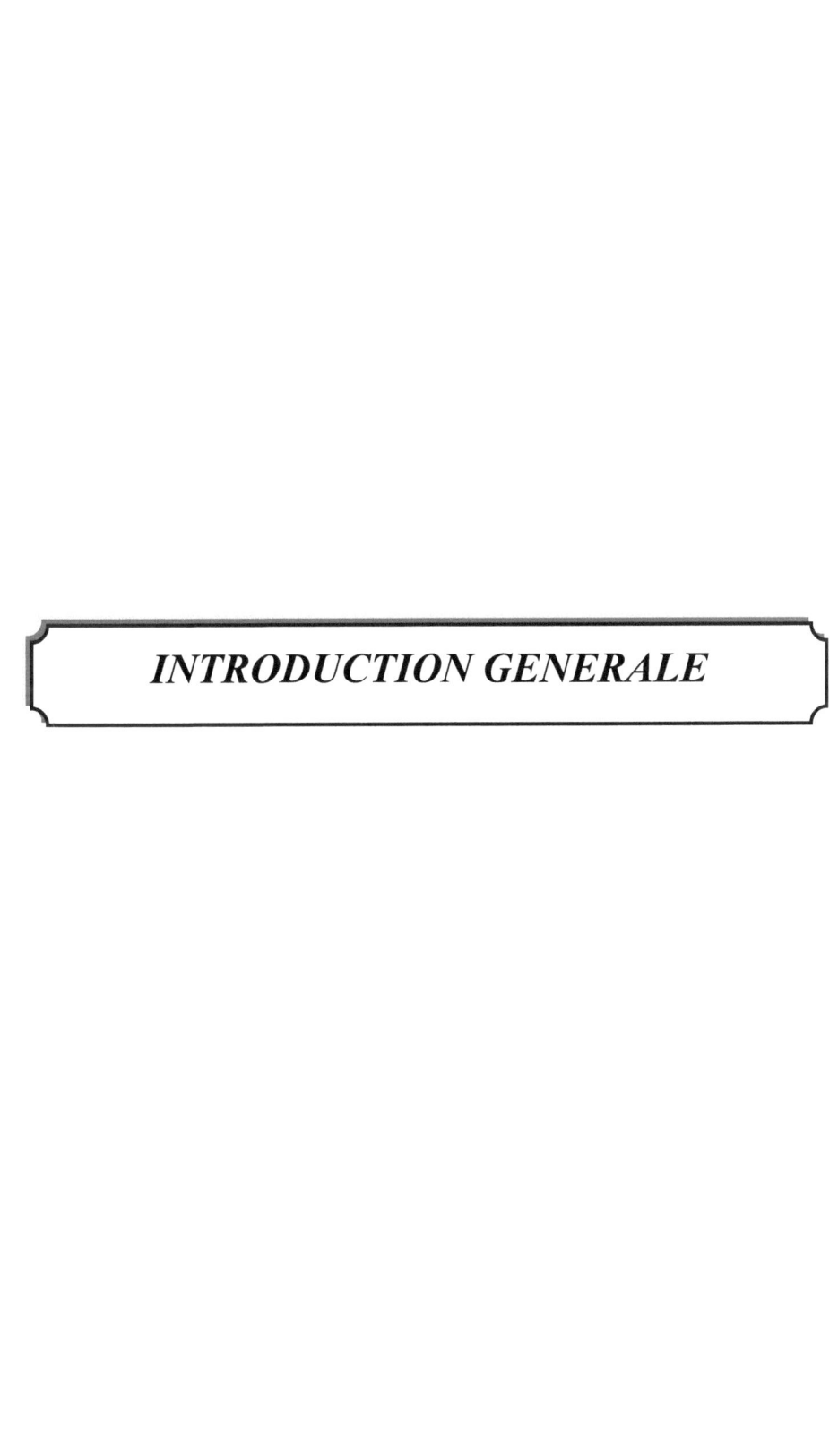

INTRODUCTION GENERALE

INTRODUCTION GENERALE

Dans le monde entier, les nombreux changements intervenus dans les relations de l'Homme avec son environnement à la suite du développement technologique, de la croissance démographique, de l'industrialisation et de l'urbanisation, sont en train de donner une nouvelle conception de l'hygiène du milieu. D'ailleurs, ces changements rendent de secteurs urbains, un écosystème biologiquement non saturé et ouvert pour des espèces capables de s'adapter rapidement à ces conditions. Ainsi, l'Homme favorisa involontairement l'existence dans sa demeure de commensaux, qui ne tardèrent à devenir des hôtes indésirables. Au fil du temps, ces parasites ne firent que prospérer.

Les Arthropodes, vu leur plasticité, ont pu conquérir le biotope de l'Homme, partager avec lui sa nourriture ou même s'attaquer à lui et lui provoquer des maladies qui tiennent, parfois, une place très importante dans la pathologie humaine. On reconnaît ainsi parmi ces animaux d'importance médicale et qui nous intéressent les Arthropodes transporteurs (ou contaminateurs), ils peuvent servir de véhicules passifs pour différents agents pathogènes et permettre en conséquence leur dissémination. La presque totalité de ces Arthropodes transporteurs appartiennent à la grande classe des *Insectes*.

Ecologiquement, aucun insecte n'est considéré comme un fléau, car tous jouent un rôle bien défini dans les écosystèmes et à l'échelle évolutive. Cependant, l'Homme les considère ainsi à cause des dommages économiques et sanitaires qu'ils causent en particulier les maladies dont ils sont vecteurs.

Il y a enfin parmi ces insectes les blattes et les mouches qui sont souvent trouvées en association étroite avec l'Homme, dans les habitations, les hôpitaux, les restaurants, … Ces insectes se trouvent très abondants dans les aires urbaines et rurales lorsque les conditions non hygiéniques y prédominent et sont peu nombreux quand les conditions sanitaires sont renforcées (Greenberg, 1973 ; Baker, 1981 ; Oothuman et *al.*, 1989). En outre, leurs comportements trophiques et de reproduction les rendent idéalement capables de porter et de disséminer des germes pathogènes (Cloarec et *al.,* 1992; Rivault et *al.,* 1993; Graczyk et *al.,* 2001).

En raison de l'accroissement des échanges commerciaux entre les régions géographiques, de nombreuses blattes associées avec l'Homme ont acquis le statut cosmopolite. La plupart de ces blattes sont omnivores et capables de consommer un large éventail de matériaux : elles préfèrent les lieux où l'assainissement est médiocre et s'alimenter sur des eaux usées et des déchets alimentaires. Les blattes appartiennent à l'ordre des Dictyoptères et à la famille des Blattidae. On en recense plus de 4000 espèces, mais seules quelques unes ont de l'importance pour l'Homme. Les espèces les plus courantes sont les suivantes: la Blatte américaine *(Periplaneta americana)*, la Blatte germanique (*Blattella germanica*), la Blatte rayée (*Supella longipalpa*), la Blatte australienne (*Periplaneta australasiae*) et la Blatte orientale *(Blatta orientalis)*. Dans le présent travail, seule la blatte de l'espèce *Periplaneta americana* est étudiée.

La blatte américaine est étroitement associée aux déchets et aux installations d'égouts, à travers lesquelles, elle peut accéder aux toilettes et aux sous-sols (Brenner et *al.,* 1987). De ce fait, de nombreuses bactéries peuvent être portées sur la cuticule de l'insecte ou ingérées et plus tard régurgitées ou excrétées (Cloarec et *al.*, 1992). Du reste, plusieurs espèces bactériennes d'importance médicale ont été isolées du corps ou du tube digestif de *Periplaneta americana* telles *Staphylococcus aureus, Streptococcus* sp., *Klebsiella* sp., *Pseudomonas aeruginosa, Salmonella* sp., *Escherichia coli,* etc. Ainsi, ces insectes jouent parfois un rôle dans la propagation des maladies intestinales telles que la diarrhée, la dysenterie, la typhoïde et le choléra, en véhiculant passivement ces agents infectieux (Fotedar et *al.,* 1991a; Fotedar et *al.,* 1991b; Pai et *al.,* 2003a; Pai et *al.,* 2005). Elles peuvent également provoquer des réactions allergiques chez des sujets asthmatiques (Picone et *al.,* 1975 ; Kang, 1976 ; Ebeling, 1978 ; Kang et Chang 1985 ; Park et *al.,* 2000).

Les mouches, surtout les non-hématophages, présentent une grande importance médicale comme transporteurs d'agents infectieux variés. Ces Diptères appartiennent à plusieurs familles : *Muscidae* surtout Calliphoridae, Sarcophagidae, Chlorophidae, etc.

La bio-écologie des mouches les amène à fréquenter à la fois des milieux contaminés (déjections, cadavres d'animaux, ...) et des aliments ou des boissons consommés par l'Homme. En plus, la structure morphologique de ces insectes (présence de poils par exemple) les rend idéalement capables de porter et de disséminer des microorganismes pathogènes. En effet, de nombreux organismes pathogènes peuvent être ingérés puis déposés avec les régurgitations ou les déjections de ces mouches ou simplement transportés au niveau des pièces buccales et des pattes. Ainsi, se trouve expliqué leur rôle de transporteurs d'agents pathogènes. De ce fait, elles sont considérées être un réservoir et un vecteur des germes pathogènes, entre autres, *Shigella* sp., *Vibrio* sp., *Escherichia coli*, *Staphylococcus aureus*, *Campylobacter* sp., *Yersinia enterocolitica*, *Pseudomonas* sp., *Enterococcus* sp., *Klebsiella* sp., *Enterobacter* sp., *Proteus* sp., et *Acinetobacter* sp. De ce fait, elles peuvent participer au développement d'épidémies telles la typhoïde, la dysenterie, le choléra, l'intoxication alimentaire, etc. (Fotedar et *al.*, 1991a; Fotedar et *al.*, 1991b; Pai et *al.*, 2003b; Pai et *al.*, 2005).

Musca domestica et Periplaneta americana ont été trouvées porteuses de bactéries multirésistantes dans le milieu hospitalier et extrahospitalier ; ce qui explique leur rôle dans la transmission des maladies nosocomiales, plus particulièrement, celles dues à l'espèce *Klebsiella pneumoniae* productrice de beta-lactamase à spectre étendu (Fotedar et *al.*, 1991a ; Fotedar et *al.*, 1991b; Fotedar et *al.*, 1992a ; Fotedar et *al.*, 1992b ; Cotton et *al.*, 2000 ; Sramova et *al.*, 1992 ; Rahuma et *al.*, 2005 ; Pai et *al.*, 2005).

La ville de Tanger enregistre une croissance démographique de plus en plus élevée à l'échelle du pays et un rythme soutenu et persistant d'urbanisation ayant pour corollaire la formation de quartiers d'habitats insalubres et sous-équipés, dont l'impact sur la santé de la population et sur l'environnement urbain est devenu très préoccupant. Tout cela fera de notre ville un milieu favorable à la pullulation de blattes, de mouches et de bien d'autres insectes susceptibles de transmettre et de propager des germes pathogènes.

En outre, le développement de la ville de Tanger connaît des dysfonctionnements et des déséquilibres urbains se rapportant principalement à la topographie accidentée, à la structure éclatée de l'agglomération, au développement de l'habitat insalubre, et à l'état de desserte des quartiers, tant centraux que périphériques, en eau potable. Ceci étant de même pour ce qui concerne l'assainissement liquide, la voirie et les équipements socio-collectifs, et les Services municipaux. Ces disparités flagrantes en mosaïque (différence de densité, d'urbanisme, d'assainissement, de niveau intellectuel, …) laisse bien entendre que les quartiers de la ville ne seront pas tous contaminés de la même façon. Ce qui laissera supposer que les insectes domestiques véhiculant les germes du milieu environnant porteront une charge microbienne différente selon l'état du quartier en question.

Ce constat nous amènera à la question suivante : les insectes domestiques peuvent-ils jouer le rôle d'indicateur biologique de l'état d'hygiène et de santé d'un quartier donné ?

Afin de répondre à cette question, nous avons choisi deux insectes domestiques, la Blatte américaine (*Périplaneta americana*) et la Mouche domestique (*Musca domestica*), afin de réaliser une étude analytique et comparative des différentes charges et espèces bactériennes portées par ces deux espèces d'insectes dans six quartiers de la ville de Tanger.

L'objectif principal de ce travail de thèse était d'évaluer le rôle potentiel de blattes américaines et de mouches domestiques dans le transport de bactéries pathogènes, ainsi que leur rôle comme indicateur biologique de l'état d'hygiène de certains quartiers de la ville de Tanger.

Le présent travail se divise en 2 volets :

Le premier volet, d'ordre bibliographique, traite des blattes américaines, les mouches domestiques ainsi que des principales espèces bactériennes transportées par ces insectes.

Dans le second volet, nous avons exposé les protocoles et les techniques utilisés afin de mener nos recherches. Ce volet est lui-même subdivisé en 4 parties :

Durant la première partie, nous avons énuméré les bactéries du corps des blattes américaines et des mouches domestiques dans les six quartiers choisis de Tanger. Ceci afin de quantifier la capacité potentielle de transport bactérien de ces insectes et de déterminer le degré de contamination des quartiers sélectionnés.

Dans la deuxième partie, nous avons identifié les espèces des principaux genres bactériens isolés de ces deux espèces d'insectes et dans les différents quartiers étudiés. L'objectif de cette partie était de définir le profil microbiologique des blattes américaines, des mouches domestiques, et ce, pour les six quartiers de la ville sélectionnés.

Quant à la troisième partie, nous avons étudié la sensibilité des bactéries isolées de blattes américaines et de mouches domestiques dans les six quartiers de Tanger, vis-à-vis d'antibiotiques. Et ceci, afin de trouver les possibilités thérapeutiques en cas d'infection.

Enfin et dans la dernière partie, nous avons sélectionné les souches d'*E. coli* et de *Klebisella* sp. portées par nos insectes afin d'étudier leurs mécanismes de pathogénicité en recherchant certains facteurs de virulence comme la toxine Stx_2, le système de captation du fer (aérobactine) et les deux types du noyau de LPS chez les isolats de *Klebsiella*. L'objectif de cette dernière partie est de savoir le degré de virulence des bactéries isolées dans notre région d'étude.

PREMIERE PARTIE
REVUE BIBLIOGRAPHIQUE

REVUE BIBLIOGRAPHIQUE

I. Introduction... 29

II. Blattes américaines.. 29

II.1 Origine et distribution.. 29

II.2 Description et cycle de vie... 30

II.3 Comportement trophique.. 31

II.4 Importance médicale.. 32

II.5 Stratégies de lutte.. 36

    a. Prévention... 36

    b. Systèmes de piégeage... 37

    c. Lutte chimique... 37

    d. Lutte biologique... 38

III. Mouches domestiques.. 38

III.1 Description et cycle de vie.. 38

    a. Œufs... 39

    b. Larves (asticots) 39

    c. Pupe... 39

    d. Adulte... 40

III.2 Comportement trophique.. 41

III.3 Ecologie... 41

III.4 Importance économique et médicale.. 42

    a. Nuisance... 42

    b. Pathologies associées... 43

    c. Mécanismes de transmission des agents pathogènes........................... 47

III.5 Stratégies de lutte... 49

    a. Amélioration de l'hygiène.. 49

    b. Pièges et appâts... 49

    c. Lutte chimique... 51

    d. Lutte biologique... 52

    e. Stérilisation de *Musca domestica*... 54

    f. Odeurs attractives... 54

IV. Bactéries pathogènes isolées de _Periplaneta americana_ et de _Musca_ 55
domestica...

IV.1 _Salmonella_.. 55

IV.2 _Shigella_... 56

IV.3 _Klebsiella_... 57

    a. Epidémiologie.. 57

    b. _Klebsiella_ et Arthropodes.. 58

    c. Facteurs de pathogénicité du genre _Klebsiella_.................... 58

        i. Antigènes capsulaires.. 59

        ii. Pili (Fimbriae) 60

        iii. Sidérophores... 60

        iv. Lipopolysaccharides (LPS) 62

IV.4 _Escherichia coli_.. 64

    a. Caractéristiques générales.. 64

    b. _E. coli_ productrice de la toxine Shiga (STEC) 65

    c. _Escherichia coli_ et les Arthropodes...................................... 65

    d. Facteurs de virulence.. 66

        i. Adhésine.. 66

        ii. Intimine.. 66

        iii. Entérohémolysine.. 66

        iv. Facteurs nécrotisants.. 66

        v. La toxine Shiga... 67

        vi. Les bactériophages... 68

        vii. Bactériophages-stx$_2$ 68

        viii. Aérobactine... 68

IV.5 _Proteus_.. 70

IV.6 _Campylobacter_.. 71

IV.7 _Yersinia_ 71

IV.8 _Vibrio_.. 72

IV.9 _Pseudomonas_... 73

IV.10 _Staphylococcus_... 74

IV.11 Autres bactéries……………………………………………………………….. 74

V. Conclusion……………………………………………………………………. 75

I. Introduction

Les insectes domestiques tels que les blattes et les mouches sont souvent trouvés en association étroite avec l'Homme ; on les rencontre par exemple dans les habitations, les hôpitaux, les restaurants, ... Ces insectes se trouvent très abondants dans les aires urbaines et rurales lorsque les conditions non sanitaires y prédominent, et sont peu nombreux quand les conditions sanitaires sont forcées.

Leurs comportements d'alimentation et de reproduction les rendent des vecteurs et transmetteurs efficaces de divers agents infectieux pour l'Homme. Ainsi, de nombreuses bactéries pathogènes, surtout celles qui causent des maladies gastro-intestinales, ont été isolées du corps et/ou du tube digestif de ces insectes.

Pour cela, il nous a paru nécessaire de faire, à travers cette littérature, une étude détaillée sur *Periplaneta americana* et *Musca domestica*, surtout analyser leurs cycle de vie, comportement d'alimentation et importance médicale, et enfin, proposer quelques moyens de lutte contre ces deux insectes.

II. Blattes américaines

II.1 Origine et distribution

Les blattes américaines ne sont pas originaires de l'Amérique comme l'indique leur nom, mais probablement proviennent des tropiques de l'Afrique, d'où elles ont envahi le monde entier (Bell et Adiyodi, 1981). La propagation de ces insectes était facilitée par le transport maritime international. A bord des navires, les blattes ont trouvé des conditions de vie appropriées et, de là, elles ont envahi de nouveaux habitats. Les blattes ou leurs oothèques peuvent être introduites accidentellement, au départ, par divers emballages ou objets contaminés, après avoir séjourné dans un endroit infesté : boîtes, cartons, bacs de bouteilles vides, sacs à main, livres, mobilier et appareils électroménagers, paniers, ... (Branscome, 2004).

Les blattes américaines sont intimement liées aux eaux usées et aux installations d'égouts permettant leur entrée dans les salles de bains et les sous-sols (Brenner et *al.,* 1987 ; Rust et *al.,* 1991). D'ailleurs, l'invasion des bâtiments et des habitations par ces insectes fléaux se favorise par les réseaux d'égouts. Une fois à l'intérieur d'un bâtiment, ils se propagent rapidement, en particulier dans les bâtiments commerciaux et logements multifamiliaux, où peuvent se déplacer facilement et rapidement entre les unités adjacentes. Ils fréquentent aussi les restaurants, les boulangeries, les épiceries, les hôtels, les écoles, les supermarchés et les hôpitaux, où la nourriture est préparée ou conservée (Bell et Adiyodi, 1981).

Bref, elles préfèrent un environnement relativement obscur, chaud et humide. Elles choisissent habituellement de vivre en fissures et crevasses protégées, sur les murs dans les coins, et à l'intérieur et autour des baignoires (Rust et *al.*, 1991 ; Smith et *al.*, 1993 ; Denis et *al.*, 1999).

II.2 Description et cycle de vie

Les blattes adultes sont d'environ 30-50 mm de long, de couleur rouge brun, leurs antennes sont longues et minces et leurs pattes épineuses. Elles sont munies de deux paires d'ailes repliées à plat couvrant tout l'abdomen. Les ailes des mâles dépassent légèrement l'extrémité de l'abdomen, tandis que ceux des femelles ont la même longueur que l'abdomen. Les blattes américaines sont capables de voler. Elles peuvent être identifiées facilement par leur grande taille et leur couleur brune rougeâtre avec un signal sur le thorax à bords jaunes. Les nymphes ressemblent aux adultes mais sont plus petites et n'ont pas d'ailes. Elles sont de couleur grise brun (figue 1) (Bell et Adiyodi, 1981).

Les blattes américaines ont relativement un long cycle de vie qui peut durer environ 600 jours, réparti en trois stades: œuf, nymphe et adulte. Les adultes peuvent vivre plus d'un an. Les femelles pondent une oothèque contenant environ 16 jeunes. Les oothèques ont une forme très caractéristique qui sert souvent de clef d'identification (Bell et Adiyodi, 1981). Une fois pleinement développée, l'oothèque sera souvent collée sur un substrat par les secrétions salivaires de la mère en assurant ainsi son camouflage et sa protection. Toutefois, l'oothèque peut également être déposée directement sur une surface en absence de protection et de camouflage (Cornwell, 1976). Chaque femelle produit entre 15 à 90 capsules d'œufs. Juste après l'éclosion (du $40^{\text{éme}}$ au $55^{\text{ème}}$ jour), les nymphes sont aptères et mesurent en général quelques millimètres; blanches au moment de l'éclosion, mais changent de couleur en quelques heures (Bell et Adiyodi, 1981). Elles passent par une série de mues avant d'atteindre l'âge adulte qui dure une période de plusieurs mois en fonction des conditions environnementales (Barcay, 2004).

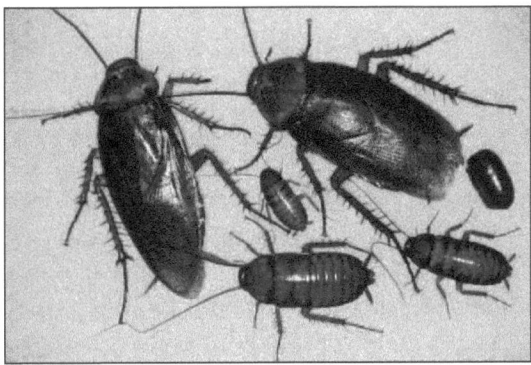

Figure 1 : Blattes américaines, (*Periplaneta americana* Linnaeus, 1758)

II.3 Comportement trophique

A tous les stades de leur développement, les blattes américaines sont omnivores et ont une nourriture extrêmement variée avec une préférence pour la matière organique en décomposition. Elles se nourrissent aussi bien d'aliments que de sang frais ou desséché, d'excréments, de crachats, de papier, de tissu, de cuir, de cheveux, de cadavres d'insectes, de bois, … (Ebeling, 1978). Elles préfèrent aussi tous les aliments consommés par l'Homme, riches en eau et en sucres ; elles sirotent le lait et grignotent le fromage, la viande, la pâtisserie, les céréales, le sucre et le chocolat (Bell et Adiyodi, 1981). Dans les cuisines, ces insectes contaminent beaucoup plus de nourriture qu'elles en mangent. Ainsi elles peuvent porter atteinte à l'hygiène de nombreuses demeures. En effet, les blattes régurgitent constamment une part de leur nourriture incomplètement digérée et y déposent leurs déjections. Elles dégagent une sécrétion nauséabonde, à la fois par l'appareil buccal et par des glandes à orifice sur le corps ; ce qui fait que les endroits où des blattes ont séjourné gardent longtemps une odeur désagréable (Cornwell, 1968).

Elles sont aussi à l'origine d'importants dégâts dans les bibliothèques, en mangeant les reliures de livres et d'archives, les usines de textiles, du papier, etc., (Shaheen, 2000). Des matières fécales, des traînées, de pourriture et des trous ont été trouvé sur les livres et les archives des grandes bibliothèques (Cochran et *al.*, 1980). Les adultes peuvent survivre deux ou trois mois sans manger, et seulement un mois sans eau.

II.4 Importance médicale

Il y a deux raisons principales pour lesquelles les blattes sont citées comme étant préjudiciables à la santé humaine. Tout d'abord, elles sont une source d'allergie et peuvent même causer l'asthme (Schwartz, 1990 ; Brenner et *al.*, 1991). La sensibilité aux antigènes provenant des blattes a été déterminée par l'exposition des adultes et des enfants asthmatiques, par voies respiratoires ou cutanées, aux excréments ou à la cuticule des blattes (Bernton et *al.*, 1972 ; Picone et al. 1975 ; Kang, 1976 ; Ebeling 1978 ; Kang et Chang, 1985 ; Park et *al.*, 2000). Il a été constaté que des antigènes spécifiques contenus dans les excréments et la cuticule des blattes sont responsables des réactions cutanées et/ou respiratoires chez les personnes allergiques aux blattes (éruptions cutanées, yeux larmoyants, asthme, éternuements, ...). Une étude du rôle des blattes dans l'asthme et les allergies a été réalisée sur 476 enfants provenant de quartiers défavorisés des zones diagnostiquées comme asthmatiques. Des chercheurs ont exposé ces enfants aux allergènes des blattes et ont trouvé que 36,8% des enfants étaient allergiques aux blattes en particulier des blattes germaniques (Rosenstreich et *al.*, 1997).

En plus, la capacité des blattes de passer par les égouts de nombreux foyers et les établissements commerciaux, et leur comportement de s'alimenter à la fois de la matière fécale, des déchets et des aliments de l'Homme, constitue un problème majeur de la santé publique et de la sécurité alimentaire. En effet, des germes pathogènes sont transportés par les organes de ces insectes et déposés sur les aliments. Ainsi, différentes formes de gastro-entérites (intoxication alimentaire, dysenterie, diarrhées, etc.) semblent être les principales maladies transmises par ces insectes (Kim et Zong, 1974 ; Ebeling, 1978 ; Fotedar et *al.*, 1991b ; Kim et *al.*, 1995). Le tube digestif des blattes représente une niche et un réservoir idéal pour la multiplication d'agents pathogènes et, par conséquent, ces insectes peuvent les excréter régulièrement et contaminer toute surface à leur passage (Stek et *al.*, 1979 ; Fotedar, 1989 ; Oothuman et *al.*, 1989).

À cet égard, des chercheurs ont étudié pendant des décennies la capacité des blattes à héberger des agents pathogènes.

Roth et Willis (1957) sont les premiers à montrer que "les blattes sont des hôtes intermédiaires de parasites et que les germes pathogènes sont transmis mécaniquement *via* leurs excréments, leurs vomissements, leurs pattes et leurs corps." D'autres études ont établi que des microorganismes pathogènes comme les bactéries, les champignons, les protozoaires et les virus ont été isolés des blattes (Koura et Kamel, 1990 ; Fotedar et Banerjee, 1992 ; Rivault et *al.*, 1993 ; Pai et *al.*, 2005).

Aussi, ils ont montré que ces insectes portent un large éventail d'espèces bactériennes. Plus de 100 espèces de bactéries ont été isolées des blattes, y compris celles d'importance médicale (*Yersinia, Klebsiella, Escherichia coli, Serratia, Staphylococcus aureus, Streptococcus* sp., *Pseudomonas aeruginosa*, etc.) (Bignall, 1977 ; Fotedar et *al.*, 1991a ; Fotedar et *al.*, 1991b ; Cloarec et *al.*, 1992 ; Pai et *al.*, 2005).

La haute fréquence des agents pathogènes associés aux blattes a été une source de préoccupation de nombreux pays. En effet, 94% des blattes germaniques (*Blattella germanica*) ont été trouvées porteuses d'au moins un genre de bactéries pathogènes. En outre, le nombre de bactéries isolées des blattes a été relativement très important. Cornwell et Mendes (1981), par exemple, ont établi que les blattes orientales des foyers, des hôpitaux, des restaurants, des écoles et des magasins en Angleterre transportent sur leur cuticule environ $1,1 \times 10^6$ *Escherichia coli*.

Les blattes infestent également les hôpitaux et les laboratoires en avalant le crachat, le pus, le sang et d'autres spécimens cliniques. Il semble aussi que les blattes ont le potentiel de transporter des micro-organismes (pathogènes et non pathogènes) de diverses sources contaminées et de les diffuser dans l'environnement hospitalier (Ebeling, 1978). Cette habitude les rend des agents idéaux de transmission des infections en milieu hospitalier (Burgess, 1974 ; Burgess et Chetwyn, 1979). Cet aspect a amené plusieurs chercheurs à mener des recherches sur les blattes des hôpitaux. En effet, Oothuman et ses collaborateurs (1989) ont réalisé une étude dans 4 services pédiatriques en Malaisie afin de déterminer la répartition des différentes espèces de blattes et d'examiner le contenu bactérien de leur tube digestif. 104 blattes ont été capturées, composées de *Periplaneta americana, Blattella germanica, Periplaneta brunnea* et *Supella longipalpa*. De nombreuses espèces bactériennes pathogènes et potentiellement pathogènes ont été identifiées telles *Shigella boydii, S. dysenteriae, Salmonella typhimurium, Klebseilla oxytoca, K. ozaena* et *Serratia marcescens.*

Le possible rôle des blattes d'hôpitaux comme vecteur de *Klebsiella* sp. résistante a été étudié par Fotedar et ses collaborateurs (1991a) dans un hôpital à New Delhi en Inde. Ils ont isolé les mêmes souches de *Klebsiella pneumoniae* à la fois des blattes et des plaies infectées des patients. La plupart des isolats de *Klebsiella* ont montré une résistance aux multiples antibiotiques. Ces résultats suggéraient le rôle des blattes comme vecteurs des infections nosocomiales. Ce même chercheur et Banerjee (1992) ont également analysé les blattes germaniques des services hospitaliers et des résidences à New Delhi en Inde, afin d'identifier diverses espèces de champignons pathogènes tels *Candida* sp., *Rhizopus* sp., *Alternaria* sp., ...).

En plus, une épidémie de maladies nosocomiales due à *Klebseilla pneumoniae* productrice de bêta-lactamase à spectre étendu a eu lieu dans une unité néonatale infestée par des blattes (Cotton et *al.,* 2000).

Une étude a été menée par Pai et ses collaborateurs (2003a) dans laquelle on a isolé les mycobactéries des blattes américaines des hôpitaux et des ménages à Kaohsiung (Taiwan), tandis qu'aucune mycobactérie n'a été obtenue des blattes germaniques des hôpitaux et des ménages. Ainsi qu'on suggérait que *Periplaneta americana* peut être impliquée dans la transmission des infections dues aux mycobactéries non tuberculeuses dans les hôpitaux. Ce même chercheur « Pai » et pendant la même année a réalisé à Taiwan des expériences pour déterminer le rôle des blattes (en particulier *Periplaneta americana* et *Blatella germanica*) dans la diffusion de l'*Entamoeba histolytica.* Ainsi, des kystes d'*E. histolytica / E. dispar* ont été isolés de la cuticule et/ou du tube digestif de *Periplaneta americana.* Alors que ces kystes étaient absents dans l'appareil digestif de *Blatella germanica* (Pai et *al.,* 2003a).

En 2004-2005, Pai et ses collaborateurs ont tenté de déterminer le rôle potentiel de blattes américaines et germaniques dans les infections nosocomiales en isolant et étudiant la résistance des bactéries et des champignons des blattes capturées dans les hôpitaux et dans des habitations en dehors des hôpitaux à Taiwan. Ils ont constaté qu'on retrouvait plus de *Periplaneta americana* dans les habitations que dans les hôpitaux. Par ailleurs, ils n'avaient pas trouvé une différence significative dans le taux des microorganismes isolés entre les deux espèces de blattes. C'est ainsi que 33 espèces de bactéries et 16 espèces de champignons ont été isolés de *Periplaneta americana* et seulement 23 et 12, respectivement, de *Blatella germanica*. Les bactéries et les champignons montraient une multi-résistance aux agents antimicrobiens (Pai et *al.*, 2004 ; 2005).

Elgderi et ses collaborateurs (2006) ont mené des expériences sur *Blattella germanica* récoltées des hôpitaux et des ménages entourant les hôpitaux à Tripoli en Libye. Dans leur travail, ils ont trouvé que la quasi-totalité des blattes était porteuse des bactéries potentiellement pathogènes (*Klebsiella, Enterobacter, Serratia* et *Streptococcus*), avec des charges bactériennes similaires entre les blattes des hôpitaux et celles des ménages. Cependant, les espèces de *Serratia* étaient significativement plus fréquentes chez les blattes des hôpitaux, tandis que les souches de *Klebsiella, Enterobacter, Citrobacter* et *Aeromonas* ont été fréquentes chez les blattes des ménages. Les bactéries isolées des blattes d'hôpitaux ont montré une résistance à plusieurs antibiotiques que celles provenant des ménages.

Prado et ses collaborateurs (2006) ont isolé et identifié des micro-organismes (bactéries et champignons) des blattes provenant des établissements de soins de santé brésiliens et ont déterminé le profil de la sensibilité aux agents antimicrobiens des isolats. Les entérobactéries étaient résistantes à plus de 4 antibiotiques.

Les conditions environnementales favorables dans les hôpitaux encouragent les blattes à les infester et à héberger une multitude de bactéries pathogènes (Baker, 1981).

Burgess (1978) a montré qu'il existe une bonne corrélation entre les microorganismes d'un environnement donné et ceux des blattes vivant dans ce même environnement. Cette conclusion a été confirmée ultérieurement par les résultats de nombreuses autres études (LeGuyader et *al.*, 1989 ; Fotedar et *al.*, 1991a ; Cloarec et *al.*, 1992).

Cloarec et ses collègues (1992) ont étudié le transport des bactéries par les blattes germaniques dans des logements multifamiliaux à Rennes, en France, et ont isolé 30 espèces bactériennes chez ces insectes. D'une part, ils ont découvert que les blattes d'un appartement donné ont toutes une flore bactérienne similaire. D'autre part, il y avait un très faible niveau de chevauchement entre la flore bactérienne des blattes des appartements voisins et celle des blattes provenant d'autres appartements un peu plus loin mais dans le même bloc. Dans cette même étude, on a montré que diverses bactéries peuvent être ingérées et, quelque temps plus tard, régurgitées, excrétées ou simplement présentes sur la cuticule de l'insecte.

Enfin, les blattes sont non seulement des vecteurs d'agents pathogènes, mais sont aussi des parasites de l'Homme en devenant une source de mécontentement et de saleté (Figure 2) (Brenner et *al.,* 1987).

Figure 2 : Blattes américaines avec leurs excréments

II.5 Stratégies de lutte

La lutte contre les blattes américaines se fait par plusieurs manières selon les lieux ou le cas d'infestation. On trouve entre autres :

a. Prévention

Elle consiste à éliminer les trois besoins principaux des blattes : habitat, nourriture et humidité. Ainsi, une bonne organisation à l'intérieur des habitations, une protection contre l'humidité et l'élimination de toute trace de nourriture contribuera à de bons résultats de réduction ou d'élimination des blattes. Combler les crevasses et réparer les fissures dans les murs, les placards et armoires, sous l'évier dans la salle de bain ou dans la cuisine, peut empêcher ou réduire leur nombre. Les déchets et les ordures ménagers devraient être placés dans des boîtes à couvercle ou dans des sacs scellées hermétiquement. Les blattes entrent généralement dans les maisons par l'intermédiaire de boîtes, sacs, valises, meubles, etc. De ce fait, pour empêcher ces insectes d'établir une population reproductrice à l'intérieur des habitations, il faut éliminer tous ces boîtes et sacs et nettoyer tout le reste des produits alimentaires, y compris les miettes sur le plancher (Rust et *al.,* 1991).

b. Systèmes de piégeage

Les pièges adhésifs restent le seul outil non toxique de lutte contre les blattes. Il s'agit de placer des pièges collants à des endroits stratégiques à l'intérieur du bâtiment (contre un mur ou dans un coin d'une étagère, un tiroir,...). La plupart des pièges sont livrés avec des appâts. Pendant la nuit, et à leur passage par ces pièges, les blattes s'adhèrent et ne peuvent plus s'échapper. Le piégeage des blattes peut donner une idée sur le degré d'infestation (Smith et Appel, 1996 ; Appel, 1997).

c. Lutte chimique

Parfois, les manières de prévention et la suppression physique seules ne suffiront pas à lutter contre une lourde infestation par les blattes. Dans ce cas, on fait appel à la lutte chimique. Parmi les moyens les plus utilisés, on trouve entre autres :

- Les diatomées terrestres : sont des poudres composées de restes fossilisés de diatomées. Cette poudre adhère à la cuticule des blattes en les rendant très sensibles à la dessiccation. Cette matière est placée dans les fissures et les crevasses (Cochran, 1995).

- L'acide borique a comme avantages son efficacité et sa faible toxicité vis-à-vis de l'Homme et des animaux. Il se vend sous forme d'appât, poudre et en pulvérisations. Il est efficace lorsqu'il est appliqué dans les fissures et les crevasses (Cochran, 1995).

- Les régulateurs de croissance des insectes (RCI) sont plus efficaces et moins toxiques que les insecticides. Les RCI des blattes sont des hormones provoquant la stérilité chez ces insectes (Chow et Yang, 1990).

- Les appâts des blattes sont la forme la plus courante de la lutte chimique contre les insectes domestiques. Ce sont des substances toxiques combinées avec une source non toxique de nourriture. (Cochran, 1995).

d. Lutte biologique

Lorsque les moyens de lutte chimique ne réussissent pas à éliminer complètement les blattes, on peut envisager un programme de lutte biologique. En outre, l'utilisation d'insecticides devrait être arrêtée ou réduite car l'organisme de lutte est souvent plus sensible aux insecticides que les blattes.

Parmi ces organismes de lutte biologique contre les blattes figurent les crapauds, les bactéries, les protozoaires, les coléoptères, les acariens et les guêpes. Ces derniers sont des Hyménoptères et ennemis naturels de la blatte américaine (Suiter, 1997). Ils pondent leurs œufs dans l'oothèque des blattes (figure 3). Les œufs immatures des blattes éclosent et les guêpes s'en nourrissent (Lebeck, 1991). Les Guêpes parasites ont été utilisées avec succès dans les bureaux et les entrepôts, mais non dans les bâtiments.

Figure 3 : *Aprostocetus hagenowii* (Ratzeburg) est une guêpe parasite qui attaque l'oothèque de *Periplaneta americana.*

III. Mouches domestiques

III.1 Description et cycle de vie

Les Mouches domestiques sont des Hémimétaboles (à développement complet) avec un cycle à quatre stades distincts: l'œuf, la larve, la pupe et l'adulte (Figure 4).

Les hautes températures de l'été sont généralement idéales pour le développement des mouches domestiques. Selon la température, la mouche domestique peut se développer de l'œuf à l'adulte entre 6 à 42 jours, et environ 10 à 12 générations peuvent se produire en un seul été. La durée de vie est habituellement entre 2 à 3 semaines, mais dans des conditions plus fraîches, celle-ci peut dépasser les trois mois (Hewitt, 1910).

a. Œufs

Ils mesurent environ 1,2 mm de longueur chacun et sont déposés séparément en petites masses sur la matière organique : fumier, tas d'ordures, excréments humains ou d'animaux, denrées alimentaires, carcasses trouvés dans les décharges, ordures ménagères et déchets d'aliments dans la cuisine (Greenberg, 1971 ; Thomas et Jespersen, 1994). Chaque femelle peut pondre jusqu'à 500 œufs en plusieurs lots d'environ 75 à 150 œufs. Le nombre d'œufs produits est fonction de la taille de la femelle, résultant de la nutrition larvaire (Hewitt, 1910).

b. Larves (asticots)

La larve mature est de 3 à 9 mm de longueur, de couleur blanche crémeuse et de forme cylindrique. La tête contient une paire de crochets noirs. Les larves émergent apodes des œufs, entre 8 à 20 heures en climat chaud, se nourrissent et se développent sur le matériel dans lequel ont été déposés les œufs. Les larves passent par trois stades. Le haut taux d'humidité du fumier favorise la survie des larves de la mouche domestique. Le temps nécessaire pour le développement des larves varie de trois jours à plusieurs semaines, en fonction de la température ainsi que du type et de la quantité de nourriture disponible (Hewitt, 1910).

c. Pupe

Après leur dernier stade de développement, les larves migrent vers un lieu sec et s'enfouissent dans le sol ou se cachent sous des objets. Elles forment une capsule appelée puparium, dans laquelle la transformation de la larve à l'adulte aura lieu. Cela prend normalement 2 à 10 jours. Les pupes sont brunes foncés et de 8 mm de longueur. La couleur des pupes varie suivant leur développement, de la couleur jaune larvaire jusqu'au noir en passant par la couleur brune et rouge. Les mouches émergent de la pupe grâce à leur ptilinum qui se situe sur le devant de la tête et utilisé comme un marteau pneumatique (Hewitt, 1910).

d. Adulte

Il mesure de 6 à 8 mm de longueur. Le corps est divisé en 3 parties : la tête, le thorax et l'abdomen. La tête comporte deux grands yeux composés rougeâtres, trois ocelles sensibles à la lumière entre les yeux, deux antennes et un rostre suceur. La fonction principale des antennes est olfactive. Des récepteurs mécaniques et thermiques sont aussi présents sur les antennes. Le thorax porte quatre bandes étroites, noires et muni de deux ailes membraneuses et trois paires de pattes sont jointes au thorax. L'abdomen est gris ou jaune foncé avec une ligne noire au milieu et des marques irrégulières et noires sur les côtés. On peut facilement distinguer entre la femelle et le mâle par l'espace qui se situe entre les yeux. Chez les femelles il est presque deux fois plus large que celui des mâles. En outre, la femelle est généralement plus grande que le mâle. L'abdomen est jaune, comportant la grande partie du tube digestif et les organes reproducteurs (Hewitt, 1910 ; Greenberg, 1971 ; Thomas et Jespersen, 1994).

Les adultes de *Musca domestica* vivent habituellement entre 15 à 25 jours. La capacité de reproduction des mouches est énorme. Dans sa morphologie, la mouche domestique est souvent confondue avec la mouche des étables (*Stomoxys calcitrans*) et la fausse mouche des étables (*Muscina stabulans*). Toutes les trois appartiennent à la même famille des *Muscidae* (Thomas et Jespersen, 1994).

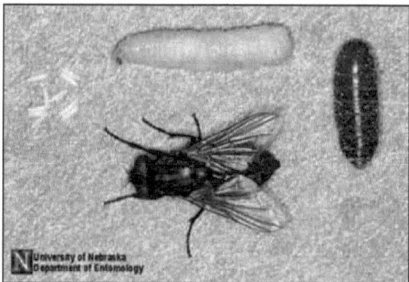

Figure 4 : Cycle de vie de la mouche domestique *Musca domestica* (Linnaeus) : œufs, larve, pupe et adulte dans le sens des aiguilles d'une montre. Jim Kalisch, University of Nebraska, Lincoln (http://entomology.unl.edu/).

III.2 Comportement trophique

Musca domestica (mâle et femelle) se nourrit de tout genre d'alimentation humaine : des légumes ou des fruits (pourris ou fermentés), des ordures et des excréments et sur des déjections animales (Greenberg, 1971 ; Levine et Levine, 1991 ; Service, 1996). Sous des conditions naturelles, la mouche domestique cherche une grande variété de substances alimentaires.

En raison de la structure compliquée des pièces buccales (proboscis) de la mouche domestique, les aliments doivent être soit à l'état liquide ou soluble dans les sécrétions salivaires. Le liquide est absorbé de l'alimentation et de la nourriture solide et est humidifiée par la salive ou grâce à un liquide régurgité par leur système digestif (Greenberg, 1971). Durant cette opération, les microorganismes du tube digestif sont déposés sur l'aliment. Le tube digestif d'une seule mouche domestique peut héberger plus de $7{\times}10^8$ bactéries, d'où le potentiel de la contamination de toute surface est énorme (Ostrolenk et Welch, 1942). La mouche est capable d'ingérer 1 milligramme d'excréments en 30 minutes (West, 1951 ; Greenberg, 1971).

L'eau est un élément essentiel dans l'alimentation des mouches domestiques. Par conséquent, les mouches ne peuvent pas vivre plus de 48 heures sans accès à l'eau. Le lait, sucre, sirop, sang, bouillon de viande et de nombreux autres matériaux trouvés dans les établissements humains sont une autre source de nourriture.

Les mouches ont besoin de se nourrir au moins deux ou trois fois par jour. Après peu de jours et lorsque leurs ovaires commencent à se développer, les femelles de *Musca domestica* ne sont satisfaites que de la nourriture riche en sucre, et cherchent des aliments protéiniques bien que leur système digestif soit rempli d'un liquide sucré (Pospisil, 1958).

III.3 Ecologie

Comprendre l'écologie des mouches domestiques peut aider à expliquer leur rôle comme vecteurs de maladies, et permet, par la suite, une bonne planification des mesures de lutte.

Les adultes sont principalement actifs durant la journée et pendant leur alimentation durant la nuit, en s'adaptant bien à la lumière artificielle (Greenberg, 1971).

Durant la journée, les mouches peuvent être trouvées en état de repos sur les planchers, les murs, les plafonds et autres surfaces à l'intérieur des habitations ainsi qu'à l'extérieur sur les murs, les latrines, les poubelles, les lignes de vêtements, les graminées, etc.

Pendant la nuit, les mouches sont généralement inactives. Lorsque les températures de la nuit sont élevées, ces insectes restent souvent à l'extérieur sur les lignes de vêtements, les fils électriques, les cordons, les graminées et les arbres. Ces lieux de repos sont généralement très favorables durant la journée à leur alimentation et à leur reproduction. Elles se trouvent généralement au-dessus du sol à une hauteur de moins de cinq mètres (Murvosh et Thaggard, 1966 ; Greenberg, 1971).

Le nombre de mouches dans une localité donnée varie en fonction de la disponibilité des lieux d'élevage d'animaux domestiques, de la luminosité, de la température et de l'humidité. La densité des mouches est plus élevée lorsque les températures fluctuent entre 20 et 25 °C; elle est minimale à des températures au-dessus et au-dessous de cet intervalle. Les mouches sont indétectables à des températures supérieures à 45°C et au dessous de 10°C (Murvosh et Thaggard, 1966 ; Greenberg, 1971).

Leur répartition est fortement influencée par leurs réactions à la lumière, à la température, à l'humidité, à la couleur et à la texture de la surface. La température du repos est entre 35°C et 40°C. A une température inférieure à 15°C, la ponte, l'accouplement, l'alimentation et le vol s'arrêtent. Les mouches ne sont plus actives à de faible taux d'humidité (Murvosh et Thaggard, 1966 ; Greenberg, 1971).

III.4 Importance économique et médicale

a. Nuisance

Les mouches domestiques se développent en grand nombre dans le fumier de volaille. Ainsi, elles constituent un important problème pour les industries, en particulier les industries de volaille, les fermes laitières et les industries à production alimentaire (Hanssens, 1963 ; Axtell et Arends, 1990). Par ailleurs, des fortes densités de population de mouches ont causé la nuisance pour les volailles au point de réduire la production des œufs. En outre, les excréments de ces insectes diminuent la valeur et l'esthétique des œufs (Howard et Wall, 1996b). Aussi, des pertes économiques causées par *Musca domestica* chez les volailles ont dépassé 60 millions de dollars par an aux États-Unis (USDA Report, 1976). Elles ont une préférence à visiter de nombreuses sources d'aliments et entrer en contact avec des substances riches en microbes, telles le fumier ou cadavres en décomposition ainsi que la nourriture de l'homme ou du bétail.

Enfin, le passage d'un grand nombre de mouches de fermes et de volailles vers les maisons et les établissements au voisinage cause de graves problèmes d'ordre social et juridique. En effet, les mouches engendrent une nuisance importante en perturbant les gens pendant leurs travail et loisirs. Aussi, elles souillent l'intérieur et l'extérieur des maisons avec leurs déjections. Leur présence est considérée comme un signe de mauvaises conditions d'hygiène (Howard et Wall, 1996b).

    b. Pathologies associées

Les mouches, surtout celles qui appartiennent à la famille des *Muscidae*, vivent en association étroite avec l'Homme, comme insectes nuisibles ; d'où leur appellation d'insectes synanthropiques. Elles ont été considérées comme transporteurs et hôtes de virus, bactéries et de protozoaires pathogènes. Elles contribuent ainsi dans la dissémination passive de nombreuses maladies en transportant ces agents pathogènes des excréments et de toute sorte de déchets vers nos aliments (Greenberg, 1971 ; Olsen, 1998).

Par ailleurs, ces insectes sont abondants dans les aires urbaines et rurales là où les conditions d'insalubrité subsistent et sont généralement rares lorsque les conditions sanitaires sont appliquées (Olsen, 1998). En outre, les infections diarrhéiques dans les aires urbaines et rurales, en particulier des pays en voie de développement, sont étroitement liées à l'augmentation saisonnière des populations de mouches, et la baisse de cas de maladies entériques est strictement liée à la lutte contre ces insectes (Greenberg, 1973 ; Echeverria et *al.,* 1983). En effet, dans les régions rurales de Thaïlande, le transport des souches entérohémorragiques d'*E. coli* par les mouches domestiques coïncidait avec des pics d'infections à *E. coli* chez les villageois (Echeverria et *al.,* 1983). D'ailleurs, des pics saisonniers au niveau des populations de la mouche domestique au Nord de Thaïlande sont associés à des cas de *Shigella* sp., *Vibrio cholerae* (non O1), et *Vibrio fluvialis* (Echeverria et *al.,* 1983).

Musca domestica, a été considérée comme vecteur de nombreux parasites protozoaires tels que *Sarcocystis* sp., *Toxoplasma gondii, Isospora* sp.,*Giardia* sp., *Entamoeba coli, Entamoeba histolytica, Cryptosporidium parvum*, etc. (Wallace, 1971 ; Graczyk et *al.*, 2001 ; Getachew et *al.*, 2007).

Musca domestica a également été impliquée dans la transmission de plusieurs espèces bactériennes : *Shigella* sp., *Vibrio* sp., *Escherichia coli, Staphylococcus aureus, Campylobacter* sp., *Yersinia enterocolitica, Pseudomonas* sp., *Chlamydia* sp., *Klebsiella* sp., *Enterobacter* sp., *Enterococcus* sp., *Proteus* sp., et *Acinetobacter* sp. (Greenberg, 1971 ; Bidawid et *al.*, 1978 ; Echeverria et *al.*, 1983 ; Fotedar el *al.*, 1992 ; Fotedar, 2001 ; Boulesteix et *al.*, 2005 ; Rahuma et *al.*, 2005). Des virus (Poliomyélite, entérovirus, …) et des champignons pathogènes (*Candida* sp., *Aspergillus niger*, etc.) sont aussi transmis par les mouches domestiques (Greenberg, 1971 ; 1973 ; Gregorio et *al.*, 1972 ; Fotedar et *al.*, 1982).

Néanmoins, *Musca domestica* est la seule espèce de mouches connue comme vecteur d'agents pathogènes dans les hôpitaux et d'autres établissements de santé (Fotedar et *al.*, 1982 ; (Fotedar et Banerjee, 1992 ; Khalil et *al.*, 1994 ; Boulesteix et *al.*, 2005). Aussi, les mouches domestiques sont les principaux arthropodes synanthropiques (en plus des blattes et des fourmis) qui portent des agents pathogènes en milieu hospitalier (Sramova et *al.*, 1992 ; Boulesteix et *al.*, 2005 ; Rahuma et *al.*, 2005). En effet, on a isolé des mouches domestiques récoltées dans les salles de chirurgie de l'hôpital indien « All India Institute of Medical Sciences », les bactéries suivantes : *Staphylococcus aureus* (36,1%), *Escherichia coli* (33,8%), *Klebsiella* sp. (33,8%), *Enterobacter* sp. (13,8%), *Bacillus* sp. (11,6%), *Proteus* sp. (9,2%), *Pseudomonas aeruginosa* (7,6%) et *Enterococcus faecalis* (3,0%) (Fotedar et *al.*, 1992). Aussi faut-il signaler que des protozoaires parasites ont été isolés de mouches capturées dans ce même hôpital y compris *Entamoeba nana* (11%) et *Entamoeba coli* (7%) (Fotedar et Banerjee, 1992).

Dans une autre étude réalisée dans le même hôpital, *Klebsiella pneumoniae* et *Klebsiella* sp. ont été isolées de 37% des mouches domestiques collectées dans les salles de chirurgie et de 28% des plaies infectées des patients (Fotedar et *al.*, 1982). Des espèces de *Klebsiella* sp. ont été isolées de l'intestin et de la surface externe des mouches domestiques (Fotedar et *al.*, 1982). Les souches de cette bactérie restent viables dans le tube digestif de leur hôte (Fotedar et *al.*, 1982).

Dans les hôpitaux et les zones urbaines de Pakistan, environ 8% des mouches domestiques portent *Shigella* sp., 4% *Campylobacter* sp. et 4% *Escherichia coli* entérohémorragiques (Khalil et *al.*, 1994).

Escherichia coli, *Enterobacter* sp., *Klebsiella* sp., *Citrobacter* sp., *Proteus* sp., *Serratia* sp., *Pseudomonas* sp., *Acinetobacter* sp., *Staphylococcus hominis* et *Enterococcus* sp. ont été isolées des mouches domestiques attrapées dans les hôpitaux en Tchécoslovaquie (Sarmova et *al.*, 1992).

Dans un Service de réanimation en Afrique subsaharienne, des bactéries multi résistantes comme les entérobactéries sécrétrices de bêtalactamase (*Pseudomonas aeruginosa*, *Staphylococcus* sp.) ont été trouvées chez 14% des mouches domestiques de ce Service. Les mêmes bactéries ont été isolées aussi des patients (Boulesteix et *al.*, 2005).

Des études similaires en Lybie ont démontré que les entérobactéries isolées des mouches domestiques d'hôpitaux étaient significativement   plus résistantes aux antibiotiques que celles isolées des mouches domestiques provenant des quartiers et des abattoirs (Rahuma et *al.*, 2005).

Un ensemble d'études épidémiologiques a été réalisé sur des populations de la mouche domestique, comparant la charge des agents pathogènes trouvés sur ces mouches dans les hôpitaux avec celle des agents isolés à l'extérieur des hôpitaux (Fotedar et *al.*, 1982 ; Fotedar et Banerjee, 1992 ; Khalil et *al.*, 1994). Les résultats de ces études ont démontré d'une part que les agents pathogènes isolés de ces mouches étaient principalement acquis du milieu hospitalier et d'autre part la densité de mouches a été plus élevée pendant les saisons chaudes (Fotedar et *al.*, 1982 ; Khalil et *al.*, 1994). Aussi, l'antibiogramme de *Klebsiella* sp. a montré que 82% de ces souches isolées de mouches domestiques d'hôpitaux et 96% des souches isolées de plaies infectées des patients étaient résistantes à plus de quatre antibiotiques (Fotedar et *al.*, 1982). Aucune espèce de *Klebsiella* sp. isolée de mouches de l'extérieur n'était résistante aux antibiotiques (Fotedar et *al.*, 1982). Aussi, les isolats d'*Enterobacter* sp., *Klebsiella* sp., *Citrobacter* sp., *Staphylococcus hominis* et *Enterococcus* sp. acquis par les mouches domestiques dans l'environnement hospitalier sont résistants à de multiples antibiotiques (Sramova et *al.,* 1992). Ainsi, les mouches domestiques du milieu hospitalier sont considérées comme vecteurs de bactéries pathogènes multi-résistantes (cas des souches de *Klebsiella* sp.) (Fotedar et *al.,* 1982; Sramova et *al.,* 1992). Cela représente un important résultat, puisque l'incidence des infections nosocomiales dues à *Klebsiella* sp. multi-résistante est élevée (Fotedar et *al.,* 1982). Or, les études microbiologiques sur les mouches domestiques récoltées aléatoirement en milieu hospitalier peuvent servir comme outil épidémiologique de surveillance des conditions sanitaires dans les hôpitaux (Fotedar et *al.,* 1982 ; Sramova et *al.,* 1992).

Les gastro-entérites aiguës avec diarrhées sévères, dues à *Salmonella* sp., *Shigella* sp., *Campylobacter* sp. ou à *Eschirichia coli* entérohémorrhagique, sont devenues un problème universel et préoccupant. C'est notamment le cas des pays en voie de développement, chez lesquels, on enregistre les hauts taux de morbidité et de mortalité chez les nourrissons et les enfants en bas âge à cause de ces infections (Greenberg, 1973 ; Bidawid et *al.,* 1978 ; Olsen, 1998 ; Khalil et *al.,* 1994). Les mouches peuvent transmettre les quatre entéropathogènes mentionnés ci-dessus par contact direct avec les enfants en bas âge ou indirectement par la contamination de leur repas (Bidawid et *al.,* 1978).

Néanmoins, l'élévation saisonnière des infections diarrhéiques est renforcée par une haute température, favorisant une croissance rapide des bactéries et une augmentation de la population des mouches. A ces conditions, on peut rajouter d'autres facteurs d'ordre humain, tels l'insuffisance dans l'élimination des excréta humains et dans les installations sanitaires ainsi que la médiocrité dans les connaissances en matière d'hygiène personnelle (Khalil et *al.,* 1994). En effet, de multiples études épidémiologiques réalisées dans les pays en voie de développement suggèrent que le niveau d'hygiène personnelle influence de manière significative l'incidence des maladies gastro-entériques (Khalil et *al.,* 1994). Par exemple, dans les zones rurales de Beyrouth (Liban), ayant de mauvaises conditions sanitaires, les mouches domestiques de ces zones avaient été responsables de l'hyper-endémicité de salmonellose et de shigellose chez les nouveau-nés et les jeunes enfants (Bidawid et *al.,* 1978).

D'autres études ont montré que les hautes charges de *Campylobacter* sp., *Salmonella* sp. et *Shigella* sp. trouvées sur *Musca domestica* dans des zones rurales ont été directement liées à la non élimination des excréments humains et des animaux, au manque de toilettes et à la proximité des systèmes d'assainissement (Khalil et *al.*, 1994).

De nombreux entéropathogènes ont été isolés des mouches domestiques venant des décharges publiques, des marchés, des hôpitaux, des abattoirs, chez les éleveurs d'animaux, salles de bains, cuisines, etc. (Echeverria et *al.*, 1983 ; Olsen, 1998).

Toutefois, l'éradication ou la lutte contre les populations de mouches dans les pays en voie de développement a coïncidé avec une forte réduction de cas de gastro-entérites chez les enfants en bas âge (Echeverria et *al.*, 1983). En effet, une simple amélioration des installations sanitaires, accompagnée de l'éducation de l'hygiène personnelle, peuvent aboutir à la réduction de l'incidence des maladies diarrhéiques chez les nourrissons (Khalil et *al.*, 1994). L'accent doit être mis également sur l'amélioration de l'hygiène des abattoirs et des boucheries, et sur la suppression des tas d'ordures.

La majorité des enquêtes épidémiologiques centrées sur la transmission des entéropathogènes humains par ces mouches affirme que dans une région où les statistiques de santé ne sont pas disponibles, les études microbiologiques des mouches domestiques peuvent fournir des informations épidémiologiques sur cette région (Echeverria et *al.*, 1983 ; Khalil, 1994).

c. Mécanismes de transmission des agents pathogènes

La transmission des agents pathogènes humains par les mouches domestiques se fait *via* trois éléments : l'exosquelette, la matière fécale et la régurgitation (Greenberg, 1973 ; Graczyk et *al.*, 2001 ; 2005).

Les mouches ont des soies fines sur leurs pattes, en plus d'une structure appelée pulvillus qui facilite leur adhésion sur des surfaces horizontales au moment de repos. Le pulvillus est revêtu d'une substance collante secrétée par des glandes situées sur les pattes de ces insectes (Greenberg, 1973). Cette substance favorise également l'adhérence de minuscules particules telles que les virus, les bactéries et les kystes de protozoaires sur les pattes de l'insecte et qui peuvent être transportées directement vers une surface donnée, et ensuite, relâchées. Les petites particules peuvent aussi facilement adhérer à la surface externe d'une mouche grâce à sa charge électrostatique (Graczyk et *al.*, 2005). Des agents pathogènes présents sur les pattes de l'insecte peuvent d'ailleurs être amenés à d'autres régions de l'exosquelette suite à de fréquentes activités de toilettage effectuées par la mouche (Graczyk et *al.*, 2001 ; 2005).

L'efficacité des excréments de l'Homme et des animaux dans la transmission d'agents infectieux, en particulier des virus et des bactéries, par *Musca domestica* est beaucoup plus importante que n'importe quel autre substrat ou milieu (Graczyk et *al.*, 1999). Cela résulte de la viscosité des fèces qui augmente l'efficacité des soies de la mouche dans la rétention des particules en suspension dans les selles (Graczyk et *al.*, 1999).

Des agents infectieux viraux, bactériens et protozoaires peuvent passer à travers le tube digestif d'une mouche adulte sans altération de leur pouvoir infectieux et peuvent être ensuite déposés avec les excréments sur une surface donnée (Greenberg, 1971 ; 1973 ; Graczyk et *al.*, 2001). Par ailleurs, ces agents pathogènes peuvent être régurgités sur une surface perçue par une mouche comme étant son repas. L'alimentation fréquente de la mouche sur des substrats contaminés pourrait accumuler les agents pathogènes dans son système gastro-intestinal.

Malgré le fait que les larves de la mouche (les asticots) se nourrissent et se développent sur un substrat contenant de nombreux agents pathogènes, quelques uns seulement de ces agents pathogènes survivent jusqu'au dernier stade de développement qui aboutit à l'adulte (Wallace, 1971 ; Graczyk et *al.*, 2001) . Cela parce que la nymphose de mouches implique une intense réorganisation des tissus du tube digestif qui engendre le développement d'un nouveau système digestif (Graczyk et *al.*, 2001). En effet, les oocystes de *Toxoplasma gondii* ont été isolés des larves et des pupes des mouches domestiques élevés dans des selles infectieuses de chat, et n'ont pas été trouvés chez les nouveaux adultes émergeant de ces pupes (Wallace, 1971). Aussi, les oocystes de *Cryptosporidium parvum* étaient présents dans les canaux alimentaires des larves élevés sur un substrat contaminé, et absents chez les mouches adultes (Graczyk et *al.*, 2001). Toutefois, même si les mouches font exemptes d'agents pathogènes quand elles émergent du puparium, elles vont acquérir rapidement des agents pathogènes par contact direct avec des substrats contaminés, sur lesquels, elles ont été développées (Graczyk et *al.*, 2001).

III.5 Stratégies de lutte

Parmi les mesures de lutte contre les mouches domestiques les plus communément utilisées figurent l'amélioration des conditions sanitaires, l'utilisation de pièges et des insecticides, et dans certains cas, on peut faire appel à la lutte biologique.

a. Amélioration de l'hygiène

L'application des bonnes pratiques d'hygiène est l'étape primordiale dans la lutte contre cet insecte vecteur. Les matières sur lesquelles se nourrissent et se reproduisent les mouches doivent être éliminées. Par exemple, l'élimination du fumier humide au moins deux fois par semaine peut rompre ou perturber son cycle de reproduction. La paille humide ne devrait pas être accumulée à proximité des bâtiments. Aussi, le reste d'aliments humains ne devrait pas se laisser s'accumuler. L'éradication de mouches adultes peut réduire l'infestation, mais l'élimination de leurs sites de reproduction est nécessaire pour un bon contrôle. Normalement, ces manières devraient empêcher la pénétration de ces insectes dans l'agglomération d'habitats (Howard et Wall, 1996b).

Les poubelles et les corbeilles devraient avoir un couvercle et être nettoyés régulièrement. Les ordures et les déchets secs doivent être placés dans des sacs en plastique et bien fermés. Aussi, tous les conteneurs d'ordures ménagères doivent êtres placés loin des bâtiments. Enfin, dans les sites de la décharge, les déchets doivent être couverts par le sol ou par autre matière inorganique, à environ 15 cm d'épaisseur (West, 1951 ; Howard et Wall, 1996b).

b. Pièges et appâts

Les mouches domestiques sont attirées par les surfaces blanches et les appâts dégageant des odeurs.

Les pièges peuvent être utiles dans les programmes de lutte contre les mouches s'ils sont suffisamment utilisés et correctement placés à l'intérieur et à l'extérieur des habitations.

C'est une méthode de lutte d'ordre technique qui consiste à attirer et capturer l'insecte dans des pièges. Les pièges les plus simples comportent des surfaces collantes sur lesquelles se collent les mouches (Williams, 1973). Quant aux autres pièges, les mouches entrent par des trous ayant la forme d'entonnoir et ne peuvent pas s'échapper (Pickens et *al.,* 1994) (Figure 5a). Certains d'autres aspirent les mouches vers un sac collecteur (Tajuddin et *al.,* 1993).

Actuellement, les pièges les plus communément utilisés désintègrent les insectes avec une grille à haute tension. Malheureusement, au cours de leur fonctionnement en particulier dans un environnement hygiénique, les bactéries et les virus portés par les mouches sont rejetés dans l'air ambiant autour de ces pièges (Urbain et Broce, 2000).

Des signaux visuels et olfactifs peuvent être utilisés pour attirer les mouches vers les pièges et les appâts. En effet, la lumière UV est une source attractive utilisée pour attirer les mouches dans la plupart des pièges (Syms et Goodman, 1987 ; Roberts et *al.,* 1992). Expérimentalement, 13 à 18% de la population de mouches pourrait être piégée en 2 heures dans une chambre à UV (Veal et *al.,* 1995). L'efficacité de ces pièges peut être renforcée par la combinaison des signaux visuels et olfactifs (Chapman et *al.,* 1999).

Les appâts contenant le sucre ou d'autres aliments préférés par les mouchesdomestiques, additionnés de certains insecticides ont été utilisés avec succès (Figure 5b). Les appâts à l'insecticide ne devraient pas être utilisés de façon continue pour prévenir la résistance et les comportements de mouches à éviter cet appât (Learmount et *al.,* 1996). Tous ces pièges sont recommandés de les placer dans les marchés, les boucheries, chez les vendeurs de poissons, etc.

Figure 5a : Modèle simple de piège à mouches. www.biconet.com

Figure 5b : Piège à mouches contenant un appât liquide attractif et odorant. http://www.safesolutionsinc.com

c. Lutte chimique

Lorsque la mouche domestique devient un vrai problème de nuisance dans les établissements commerciaux, comme ceux de production d'œufs, l'utilisation des insecticides (adulticides ou larvicides) devient nécessaire pour supprimer directement ou indirectement les populations de la mouche domestique.

Au milieu du 20ème siècle, les insecticides organiques de synthèse ont été élaborés. La plupart de ces pesticides de la deuxième génération avait un mode d'action neurotoxique.

Les organophosphorés, les carbamates et les hydrocarbures chlorés, comme le DDT (dichloro-diphényle-trichloro-éthylène), ont été développés afin d'être très efficaces contre *Musca domestica* et d'autres espèces d'insectes. Toutefois, ils ne sont pas uniquement toxiques pour les insectes parasites mais aussi à la non-cible, comme les animaux bénéfiques (Theiling et Croft, 1988). De plus, en raison de la longue persistance des insecticides dans l'environnement, ils s'accumulent dans les tissus d'animaux et, encore plus grave, dans la chaîne alimentaire (Pimental et Perkins, 1980).

Ensuite, viennent les pyréthroides qui ont une plus large utilisation et sont moins toxiques pour les mammifères (Elliot et *al.,* 1978).

Une autre approche vise à développer des régulateurs de croissance d'insectes. Ce sont la troisième génération des insecticides qui se divise en trois groupes selon leur mode d'action : les hormones juvéniles, les inhibiteurs de synthèse de la chitine et la cyromazine (Graf, 1993). Les analogues de l'hormone juvénile suppriment la métamorphose augmentant ainsi la mortalité des larves. La chitine est la principale composante de l'exosquelette de l'insecte. Sa synthèse est inhibée par les benzoylphenoylures (BPUs) qui perturbent la mue et la nymphose. La Cyromazine interfère également avec la mue en perturbant le processus de la sclérotisation (Pospischil et *al.,* 1996).

Néanmoins, si les BPUs agissent contre un large éventail d'espèces d'insectes, la Cyromazine a une haute spécificité pour les larves des Diptères. Cependant, parce que ces régulateurs de croissance ne tuent pas les insectes au stade de provoquer les dommages, une approche plus sophistiquée est nécessaire.

Le développement de la résistance des insectes aux pesticides à cause de leur utilisation excessive est devenu un problème sérieux dans les programmes de lutte contre *Musca domestica* (Chapman, 1985). La résistance aux hormones juvéniles a été aussi développée (Pospischil et *al.*, 1996). Egalement, la résistance croisée chez les populations de la mouche domestique a été constatée (Oppenoorth et Van der Pas, 1977).

d. Lutte biologique

L'augmentation de l'incidence de la résistance des populations de mouches domestiques aux insecticides utilisés, les coûts élevés des insecticides et la préoccupation des gens aux problèmes réels ou potentiels associés à l'usage des insecticides incitent à chercher des stratégies de lutte biologique qui consistent à mettre en jeu les ennemis naturels de la mouche domestique. Ainsi, dans cette stratégie de lutte, *Musca domestica* est attaquée par des agents pathogènes, des parasites ou des prédateurs (Seymour et Campbell, 1993).

Bacillus thuringiensis, une bactérie gram-positive, a été utilisée avec succès dans la lutte contre les larves de *Musca domestica* (Johnson et *al.*, 1998). L'activité larvicide de *Bacillus thuringiensis* est attribuée à des endotoxines produites au cours de sa sporulation (Zhong et *al.*, 2000).

Des champignons épizootiques ont été également utilisés. En effet, l'introduction de mouches ou de leurs cadavres infectés par *Entomophthora muscae* ou *E. schizophorae* réduit les populations de *Musca domestica* dans les poulaillers (Six et Mullens, 1996 ; Watson et *al.*, 1996). Egalement, *Beauvaria bassiana* induit une haute mortalité des adultes ; les adultes de *Musca domestica* émergent avec les conidies de ce champignon (Watson et *al.*, 1996). Toutefois, le succès de l'utilisation de champignons entomopathogènes dans la lutte biologique est faible lorsque la moyenne hebdomadaire des températures dépasse les 20°C (Six et Mullens, 1996).

Des nématodes entomopathogènes comme *Steinernema feltiae*, *Heterorhabditis megidis* et *Paraiotonchium muscadomesticae* ont été efficaces dans la lutte contre les larves de la mouche domestique. Les nématodes (*Paraiotonchium muscadomesticae*) infectent en général les larves de la mouche domestique, et peuvent aussi envahir et endommager les ovaires des femelles adultes. Ces nématodes se déposent dans les sites de leur reproduction. Ainsi, les adultes de mouches infectées vivent environ la moitié de leur durée de vie. L'utilisation des nématodes a été efficace au laboratoire ; mais dans le champ, leur durée de vie est comprise entre 3 et 7 jours (Renn, 1995 ; Geden, 1997).

Les larves des mouches *Hydrotaea aenescens* et *Ophyra capensis* sont efficaces comme prédateurs des larves de la mouche domestique (Betke et *al.*, 1989). Une larve prédatrice peut tuer jusqu'à 17 larves de *Musca domestica* (Tsankova et Luvchiev, 1993). Malheureusement, les mouches prédatrices elles-mêmes peuvent devenir des parasites (Axtell et Arends, 1990). Pourtant, dans le fumier humide les populations d'*Hydrotaea aenescens* ne peuvent pas s'établir (Hogsette et Jacobs, 1999).

Les guêpes parasitoïdes *Spalangia cameroni, S. nigroaenea* et *Muscidifurax raptor* sont aussi des ennemis naturels de *Musca domestica* (Figure 6). Elles ont été lâchées en masse pour lutter contre les mouches domestiques (King, 1997 ; Greene et *al.*, 1998). Elles parasitent les pupes de la mouche domestique et leur progéniture en les mangent. Des facteurs physiques (principalement la température) et des facteurs biologiques (compétitions interspécifiques) déterminent le succès du programme de la libération massive de ces parasitoïdes. La libération périodique de ces parasitoïdes, durant l'hiver et au printemps, et à condition de procéder à la suppression du fumier, pourrait supprimer efficacement les mouches dans les sites d'élevage de volailles (Mullens et *al.*, 1996).

Figure 6 : Guêpe (*Pteromalide parasitoïde*) de la pupe de la mouche d'étable et de la mouche domestique. Jim Kalisch, University of Nebraska – Lincoln. (http://entomology.unl.edu/)

e. Stérilisation de *Musca domestica*

Cette stratégie se base sur la libération massive d'insectes mâles irradiés et stériles au sein d'une population sauvage. Elle a été employée avec succès pour éliminer la mouche "*Cochliomyia hominivorax*" en Libye (Lindquist et *al.,* 1992). Cependant, dans le cas de *Musca domestica*, la libération de quantités énormes de cet insecte stérile pourrait exacerber le problème de nuisance.

Howard et Wall (1996a) ont présenté une méthode d'auto-stérilisation en intégrant des pesticides stérilisants, comme les inhibiteurs de synthèse de la chitine, dans l'appât. Ainsi, les mouches domestiques peuvent prendre des doses de pesticides efficaces pour leur stérilisation, et les transmettre à leurs congénères normaux par contact au moment de l'accouplement. De cette façon, seul l'insecte cible, attiré par l'appât, est tué. Toutefois, le développement de la résistance chez ces insectes peut toujours se produire.

f. Odeurs attractives

De nombreuses études ont été concentrées autour de l'attraction des mouches domestiques par les odeurs de différents produits naturels. Des études comportementales de *Musca domestica* ont montré l'attirance de ces insectes par le fumier, la viande (Pickens et *al.,* 1994 ; Cossé et Baker, 1996) et par d'autres produits : poissons, sang, pain, lait, fromage, miel, etc. (Mulla et *al.,* 1977). L'utilisation de ces produits naturels comme appâts dans des pièges n'est ni pratique ni économique en raison de la forte fréquence de remplacement des appâts et de leur entretien régulier (Ashworth et Wall, 1994). Par conséquent, il serait plus pratique d'utiliser un produit chimique attirant comme appât dans les pièges.

La cire cuticulaire des mouches femelles est une phéromone sexuelle qui attire les mâles de *Musca domestica* lorsqu'ils sont près d'elles (Carlson et *al.,* 1971 ; Rogoff et *al.,* 1973). Or, on peut l'utiliser comme piège dans la capture des mâles et femelles de la mouche domestique. Toutefois, cette phéromone a montré moins de puissance par rapport aux phéromones d'autres insectes, et sa combinaison avec d'autres composants de cire cuticulaire pourrait améliorer son pouvoir attractif (Chapman et *al.,* 1999).

Les odeurs de produits chimiques de synthèse ont été testés dans des études pour étudier leur pouvoir attractif (Mulla et *al.,* 1977 ; Warnes et Finlayson, 1986). Plusieurs substances ont été identifiées comme étant attractives ou répulsives pour les mouches, mais le mélange de produits chimiques et naturels s'est avéré efficace (Mulla et *al.,* 1977). Par conséquent, l'amélioration des formules chimiques à base de mélanges synthétiques, plus attractifs que les produits naturels, est prometteuse.

IV. Bactéries pathogènes isolées de *Periplaneta americana* et de *Musca domestica*

Rappelons que des bactéries pathogènes ou potentiellement pathogènes ont été isolées du tube digestif et/ou de la surface externe de la blatte américaine et de la mouche domestique. On trouve, entre autres, *Salmonella* sp.*, Shigella* sp., *Klebsiella* sp., *Escherichia coli, Enterobacter* sp., *Proteus* sp., *Campylobacter* sp., *Yersinia enterocolitica, Vibrio* sp., *Pseudomonas aeruginosa, Staphylococcus aureus*, etc. (Echeverria et *al.,* 1983 ; Fotedar et *al.,* 1991a ; Fotedar et al., 1991b ; Cloarec et *al.,* 1992 ; Fotedar et Banerjee, 1992 ; Fotedar, 2001 ; Pai et *al.,* 2005 ; Boulesteix et *al.,* 2005 ; Rahuma et *al.,* 2005).

IV.1 *Salmonella*

Salmonella est un nom générique d'un groupe de plus de 2500 sérotypes (Black, 1999). Elles sont essentiellement des parasites du tube digestif de l'Homme et des animaux, présentes chez le malade ou chez un porteur sain. Par ailleurs, elles sont disséminées par les matières fécales dans le milieu extérieur, où elles survivent sans se multiplier. Ainsi des aliments peuvent être souillés, en particulier les viandes (volaille, viande de boucherie), les œufs, le lait et les coquillages (Black, 1999).

Elles sont responsables de la fièvre entérique (typhoïde et paratyphoïde) et des toxi-infections alimentaires, suite à l'ingestion d'aliments contaminés. De hauts taux de morbidité et de mortalité sont enregistrés dans le monde entier à cause de ces infections.

Le pouvoir pathogène des Salmonelles se résume dans leur capacité de pénétrer dans les cellules de la muqueuse intestinale et de synthétiser des endotoxines, responsables des troubles nerveux et végétatifs de la typhoïde.

La fièvre typhoïde est causée par *Salmonella typhi*, tandis que la plupart de cas de salmonellose sont dus aux sérovares de *Salmonella enteritidis*, et sont caractérisés par de la fièvre, des diarrhées et des douleurs intestinales (Black, 1999).

Les principales sources de *Salmonella enteritidis* sont les volailles et les œufs, et pour les autres salmonelles (*Salmonella typhimurium*), elles sont associées à des aliments tels les produits carnés et le lait. Toutefois, très peu de cas de salmonellose sont associés à de vecteurs ; ils représentent seulement 10% du total des infections dues aux salmonelles.

Les Arthropodes fléaux (comme les blattes et les mouches) sont une source potentielle de la transmission et de la contamination des aliments de l'Homme. En outre, les salmonelles ont été isolées des blattes d'hôpitaux et de maisons, et ont été trouvées résistantes aux antibiotiques (Singh et *al.*, 1980 ; Oothuman et *al.*, 1989 ; Devi et Murray, 1991 ; Singh et *al.*, 1995).

Des études expérimentales, dans lesquelles les blattes ont été nourries par les souches de *Salmonella*, ont montré que les bactéries survivent dans l'intestin et passent dans les fèces, mais elles ne se multiplient pas grandement dans l'intestin de l'insecte (Ash et Greenberg, 1980 ; Singh et *al.*, 1995). En outre, il a été démontré que les salmonelles peuvent survivre au moins quatre ans dans les fèces des blattes (Rueger et Olson, 1969).

IV.2 *Shigella*

Les *Shigella* sont des entérobactéries pathogènes strictes, rencontrés exclusivement chez l'Homme. Ces bactéries pathogènes sont spécifiques du tube digestif de l'Homme et sont éliminées par les selles, et ainsi dispersées dans le milieu extérieur, où elles ne survivent que peu de temps (Bryan, 1979).

Elles sont responsables des shigelloses ou de la dysenterie bacillaire : infections intestinales humaines caractérisées par des diarrhées sanguines (Bryan, 1979).

Shigella dysenteriae est un agent de la dysenterie bacillaire. Les autres espèces de *Shigella* (*S. flexneri*, *S. boddii*, et *S. sonnei*) sont également responsables de diarrhées aiguës. Ces infections apparaissant plus bénignes et se traduisent par des symptômes atténués (Bryan, 1979).

Parmi les symptômes de la shigellose, figurent la diarrhée, les douleurs abdominales, la fièvre et les vomissements. La gravité de la maladie varie de très légère à sévère, avec diarrhée mucopurulente et sanglante, et déshydratation (FDA/CFSAN, 2003).

Les Shigelles envahissent la muqueuse intestinale, pénètrent dans les entérocytes et les détruisent par action d'une entérotoxine. Il s'en suit une importante réaction inflammatoire de la muqueuse qui explique la symptomatologie. Ces entérotoxines sont appelées toxines Shiga et sont principalement produites par *Shigella dysenteriae* et *S. flexneri* (Keusch et *al.*, 1985).

La contamination est féco-orale, directe par contact inter-humain avec des malades ou des porteurs asymptomatiques (par manuportage), ou indirecte par ingestion d'eau ou d'aliments contaminés par les selles.

D'autre part, les *Shigella* ont été isolées de plusieurs insectes nuisibles. D'ailleurs, les mouches constituent un facteur de contamination de l'alimentation considéré comme secondaire. Le bacille de Shiga (*Shigella dysenteriae* type 1) a été isolé des mouches il y a très longtemps (Manson-Bahr, 1919) et les autres espèces de *Shigella* ont été également isolées de ces insectes (Bidawid et *al.*, 1978 ; Echeverria et *al.*, 1983).

Les Expériences de Burgess et *al.* (1973) ont montré que *Shigella dysenteriae* survit environ trois jours dans l'intestin des blattes orientales (*Blatta orientalis*).

Burgess et Chetwyn (1981) ont isolé des blattes capturées dans un magasin au Nord d'Irlande, *Shigella dysenteriae* sérotype 7, cette dernière a été responsable de quinze cas de dysenterie.

IV.3 *Klebsiella*

Ce genre regroupe des bactéries Gram-négatif non mobiles, habituellement encapsulées et en forme de bâtonnet (Edwards et Ewing, 1986). Les espèces de *Klebsiella* sont généralement identifiées et différenciées en fonction de leurs réactions biochimiques.

a. Epidémiologie

Les *Klebsiella* sp. sont omniprésentes dans la nature et ont deux types d'habitat. Le premier est l'environnement comme les eaux de surface, les eaux usées, dans le sol et sur les plantes (Edwards and Ewing, 1986). Le second correspond aux muqueuses des mammifères. *Klebsiella pneumoniae*, espèce type, est présente dans l'intestin en quantité faible, en comparaison avec *Escherichia coli*.

Les *Klebsiella* sont des pathogènes opportunistes responsables d'un large éventail d'infections. Dans les hôpitaux, elles se sont avérées responsables d'environ 10% d'infections, dues aux bactéries Gram-négatif (Holmes et Gross, 1990).

Chez l'Homme, *Klebsiella pneumoniae* est présente comme un saprophyte dans le nasopharynx et le tractus intestinal. Cette espèce est souvent trouvée dans les voies respiratoires des patients hospitalisés, et est capable de causer les infections respiratoires. Les *Klebsiella* peuvent aussi causer les bactériémies, les infections des voies urinaires et la pyélonéphrite aiguë ; elles sont également responsables d'infections opportunistes chez les patients immunodéprimés. D'une manière générale, elles sont responsables des complications broncho-pulmonaires : infections respiratoires se manifestant sous forme de sinusites et de rhinites (FDA/CFSAN, 2003).

b. *Klebsiella* et Arthropodes

De nombreux chercheurs ont isolé, à partir des blattes et des mouches, des espèces de *Klebsiella* potentiellement pathogènes (Roth et Willis, 1957; Burgess et al 1973; Bignall, 1977; Burgess, 1978 ; LeGuyader et *al.*, 1989 ; Fotedar et *al.*, 1991a, 1991b ; Sramova et *al.*, 1991 ; Cloarec et *al.*, 1992). Dans les hôpitaux, les *Klebsiella* isolées de ces insectes sont trouvées résistantes à plusieurs antibiotiques (Fotedar et *al.*, 1991b).

Les *Klebsiella* sont isolées à la fois de la cuticule et de l'intestin des mouches, et la plupart des isolats étaient identifiés comme *Klebsiella pneumoniae*. Les mêmes souches de *Klebsiella* avec le même profil antibiotique ont été isolées à la fois des blessures des patients dans l'hôpital et des mouches domestiques de ce même hôpital (Fotedar et *al.*, 1992a).

c. Facteurs de pathogénicité du genre *Klebsiella*

Le terme "pathogénicité" définit la capacité d'une bactérie à causer la maladie, tandis que le terme "virulence" signifie le degré de pathogénicité des espèces bactériennes (Schaechter et *al.*, 1993).

Les infections nosocomiales causées par *Klebsiella* sont les plus fréquemment associées aux voies urinaires et respiratoires.

La recherche des mécanismes de pathogénicité des infections à *Klebsiella* a permis d'identifier un certain nombre de facteurs bactériens qui contribuent à la virulence de ces bactéries. Des études *in vitro* et *in vivo* avec des modèles animaux ont été réalisées afin d'étudier l'interaction des cellules bactériennes avec l'hôte. C'est ainsi que ces études ont abouti à distinguer cinq groupes de facteurs de virulence, indiqués dans la figure 7.

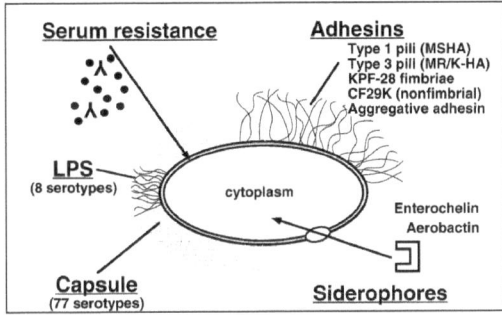

Figure 7 : Représentation schématique des facteurs de pathogénicité du genre *Klebsiella* (Podschun et Ullmann, 1998).

i. Antigènes capsulaires

En général, les souches de *Klebsiellae* sp. développent d'importantes capsules, composées d'un complexe d'acides polysaccharidiques. Les sous-unités capsulaires répétées peuvent être classées en 77 types sérologiques (Orskov et Orskov, 1984). Les capsules sont essentielles à la virulence de *Klebsiella* sp. La structure des capsules permet d'une part de protéger les bactéries de la phagocytose par les polynucléaires et les granulocytes et d'autre part d'empêcher l'apoptose de la bactérie par des facteurs sériques bactéricides. A part la fonction anti-phagocytose, les polysaccharides capsulaires (PSC) de *Klebsiella* sp. ont été impliqués in vitro dans l'inhibition de la différenciation et de la capacité fonctionnelle des macrophages (Podschun et *al.*, 1992).

Actuellement, les souches de *Klebsiella* sp., exprimant les antigènes capsulaires, montrent peu de virulence (Simoons-Smit et *al.*, 1984). Le sérotype K2 est le plus communément isolé chez des patients souffrant d'infection urinaire, pneumonie ou d'une bactériémie. Par conséquent, le sérotype K2 est le prédominant des isolats cliniques humains, alors qu'ils sont très rarement rencontrés dans l'environnement.

Les PSC ont été considérés comme des candidats de vaccins évidents pour plusieurs raisons. Les capsules sont produites par presque toutes les souches de *Klebsiella* ; elles représentent la couche ultrapériphérique des structures de la surface en contact avec le milieu-hôte. Les PSC se sont avérés hautement immunogènes et non toxiques. Le plus grand nombre d'antigènes K (77 antigènes différents) est un sérieux inconvénient d'un vaccin des PSC des *Klebsiella*. En se basant sur leurs études sérologiques et épidémiologiques, ils ont formulé 24 vaccins à PSC de *Klebsiella*. Actuellement, ce vaccin semble être l'approche la plus prometteuse pour la prévention contre la septicémie causée par *Klebsiella* (Cryz et *al.*, 1986).

ii. Pili (Fimbriae)

Les Pili (connu sous le nom de fimbriae ou d'adhésine) sont des projections filamenteuses non flagellaires de la surface bactérienne, constituées par des sous-unités globulaires polymériques protéiques appelées pilines. Les Pili sont connus principalement par leur capacité à agglutiner les érythrocytes de différentes espèces animales. Il existe chez les souches de *Klebsiella* sp. deux types de Pili prédominants (Ofek et Doyle, 1994).

Pili type 1 (le plus commun) : est le plus recherché dans le phénomène d'adhésion bactérienne. Ce type assure la liaison de la bactérie à la muqueuse ou aux cellules épithéliales du tractus urogénital, respiratoire et intestinal (Iwahi et *al.*, 1983).

Pili type 3 : ce type agglutine seulement les érythrocytes. En outre, ce type de Pili, semble ne pas être identique chez les genres d'entérobactéries. Les souches de *K. pneumoniae* exprimant les Pili de type 3 s'adhèrent aux cellules endothéliales de l'épithélium et à des cellules des voies respiratoires et uro-épithéliales (Di Martino et *al.*, 1996).

iii. Sidérophores

La croissance des bactéries dans les tissus de l'hôte est limitée non seulement par les mécanismes de défense de l'hôte mais aussi par la disponibilité du fer. Le fer est un élément important dans la croissance bactérienne. C'est un catalyseur de la réaction d'oxydoréduction chez les protéines impliquées dans le processus de transport d'oxygène et d'électrons (Griffiths et *al.*, 1988).

La majorité des bactéries tentent d'assurer leur approvisionnement en fer dans l'hôte en sécrétant des chélateurs du fer de haute affinité et de bas poids moléculaire, appelés sidérophores (Griffiths et *al.*, 1988). En effet, dans des conditions de carence en fer dans le milieu hôte, les entérobactéries sont capables de synthétiser une variété de sidérophores qui appartiennent à deux différents groupes chimiques : le premier est un composé des sidérophores phenolate-type, et le second est un composé des sidérophores hydroxamate-type. Le plus commun est celui des sidérophores phenolate-type, également connu sous le nom d'entérobactine. Ce sidérophore semble comporter le principal système d'absorption de fer chez les entérobactéries et il est synthétisé par la quasi-totalité des isolats cliniques d'*E. coli* et de *Salmonella* sp. (Griffiths et *al.*, 1988).

Parmi les sidérophores hydroxamate-type, figure l'aérobactine. Contrairement à l'entérobactine, la contribution d'aérobactine à la virulence bactérienne a été clairement démontrée (De Lorenzo et Martinez, 1988). L'aérobactine semble encore plus efficace que l'entérobactine en raison d'un certain nombre d'avantages physiques tels qu'une plus grande stabilité et une meilleure solubilité. En outre, si l'entérobactine est hydrolysée par une estérase après la livraison du fer, l'aérobactine peut être recyclée après chaque tour de transport du fer.

D'après l'étude de Martinez et ses collaborateurs (1987), les genres d'Entérobactéries peuvent être divisées en deux groupes selon leur incidence de synthèse d'aérobactine. Un groupe formé de souches ayant un faible taux de production d'aérobactine (20%), comprenant des genres tels *Serratia*, *Proteus* et *Salmonella*. Le deuxième groupe, composé du genre *Escherichia*, montre une forte incidence de synthèse d'aérobactine (40%).

Chez le genre *Klebsiella*, la production d'entérobactine et d'aérobactine a été démontrée. Pendant que l'entérobactine est synthétisée par presque toutes les souches de *Klebsiella*, les isolats de *Klebsiella* aérobactine-positive, indépendamment de l'espèce ou de la source d'isolement, ont été rarement observés (Podschun et *al.*, 1992). Les isolats de *Klebsiella* entérobactine-positifs ne sont pas très virulents que les souches entérobactin-négative (Podschun et *al.*, 1992). En revanche, une association entre synthèse d'aérobactine et la virulence des souches de *Klebsiella* a été démontrée. Dans l'étude de Nassif et Sansonetti (1986), le gène d'aérobactine a été cloné à partir des plasmides des souches de sérotypes K1 et K2 de *K. pneumoniae* et transféré à une souche non virulente (sidérophore-négative). La souche mutante alors présentait une virulence améliorée chez les souris.

Toutefois, il convient de rappeler que des isolats cliniques de *K. pneumoniae* qui ne synthétisent pas l'aérobactine sont capables d'utiliser l'aérobactine exogène comme seule source de fer (Podschun et *al.,* 1992). Le système d'absorption de fer de l'aérobactine serait donc un indicateur contribuant à la pathogénicité du genre *Klebsiella*.

iv. Lipopolysaccharides (LPS)

Les LPS sont les plus importants antigènes de surface des bactéries Gram-négatif. Ils jouent un rôle important dans la formation et la fonction de la membrane externe et représentent le premier site d'interaction entre la cellule bactérienne et les composants du système immunitaire de l'hôte. Par conséquent, les modifications de la structure physique ou biochimique du LPS peuvent influencer le système de défense des bactéries et leur confèrent la résistance contre l'action bactéricide du complément ou contre les composants antimicrobiens de l'hôte (Brandebourg et Wiese, 2004).

En outre, le LPS joue un rôle important au cours des infections graves causées par les bactéries Gram-négatif, et est responsable de plusieurs manifestations toxiques (Branderburg et Wiese, 2004). Le LPS, libéré durant la division bactérienne ou durant la lyse de la bactérie suite à l'action du système immunitaire de l'hôte, peut s'associer à des facteurs déterminants du sérum et, ensuite, neutraliser ou encore peut interagir avec les récepteurs du LPS exprimés par les cellules hôtes, donnant ainsi lieu à l'activation de la réponse immunitaire innée. Suite à cette activation par le LPS, les cellules hôtes sécrètent des médiateurs endogènes dotés de bioactivités intrinsèques qui agissent localement ou "voyagent" à travers le sang et, finalement, peuvent potentiellement conduire au choc septique clinique (Raetz et Whitfield, 2002).

Étant donné le large spectre d'activités biologiques, immunologiques et pathologiques ainsi que leur complexité structurelle, le LPS est considéré comme l'une des meilleures molécules bactériennes étudiées. Les études se focalisent principalement sur la structure chimique, la biosynthèse et l'organisation génétique du LPS.

Le noyau du LPS est un oligosaccharide hétéropolymérique lié au lipide A. Il est donc le lien entre le lipide A et l'antigène O (Raetz et Whitfield, 2002).

Chez la majorité des bactéries, le noyau oligosaccharidique du LPS est divisé en deux régions : le noyau interne situé à proximité du lipide A, et le noyau externe, qui est habituellement le site de liaison à l'antigène O (Raetz et Whitfield, 2002).

Les propriétés biologiques des LPS ont été associées à leur partie lipidique du fait que le lipide A représente la partie endotoxique du LPS. Toutefois, le noyau joue aussi un rôle très important dans la modulation de la bioactivité du lipide A, en augmentant son activité. Le noyau est également important dans d'autres activités biologiques. En effet, certaines études ont établi le rôle de cette molécule (le noyau) dans l'adhérence de certaines bactéries aux cellules hôtes (Jacques, 1996).

En outre, le noyau a certaines propriétés antigéniques. Il agit comme récepteur des bactériophages, et est impliqué dans la liaison du LPS aux lymphocytes (Jirillo et *al.*, 1990).

Cependant, le noyau du LPS n'est pas considéré comme un facteur de virulence, mais de manière indirecte, contribue à la virulence. Ainsi, il est important car il sert de point de fixation d'antigène O, qui est un facteur de virulence chez la majorité des bactéries. Egalement, sa liaison avec le lipide A joue un rôle essentiel dans le maintien de la stabilité et la fonction de la membrane externe des bactéries (Raetz et Whitfield, 2002).

Des études sur la caractérisation des gènes impliqués dans la biosynthèse du noyau des LPS chez *Escherichia coli* et *Salmonella enterica* ont montré que ces gènes sont en général regroupés dans une région du chromosome, appelée le *waa* (Heinrichs et *al.*, 1998).

Le rôle possible dans la pathogénicité ou dans l'adaptation à plusieurs sites de l'hôte est suggéré par la prévalence des types des noyaux chez des isolats cliniques. Ainsi, chez *Escherichia coli* par exemple, on trouve cinq types des noyaux (K-12, R1, R2, R3 et R4) (Currie et Poxton, 1999). De même, chez les souches de *Salmonella enterica*, deux principaux types du noyau sont connus (Raetz et Whitfield, 2002). En revanche, aucune de ces variabilités dans les noyaux du LPS n'a été détectée chez les autres *Enterobacteriaceae* comme chez les espèces de *Klebsiella pneumoniae*. Chez cette espèce, une structure majeure du noyau a été trouvée, avec une variabilité de ses substituants. Jusqu'à présent, aucune différence dans le gène de biosynthèse du noyau (*waa*) n'a été décrite chez les isolats de *K. pneumoniae* (Regué et *al.*, 2001).

Toutefois, d'après l'existence des différences de réactivité avec les anticorps monoclonaux spécifiques, on suggère qu'il pourrait y avoir plus d'un type de noyau chez les isolats de *Klebsiella* (Trautmann et *al.*, 1997).

Klebsiella est un agent causant les infections nosocomiales plus particulièrement de l'appareil urinaire et des voies respiratoires. Ainsi, il ne serait pas surprenant que les différents isolats de *Klebsiella* peuvent avoir différents types du noyau du LPS.

IV.4 *Escherichia coli*

a. Caractéristiques générales

Escherichia coli est une bactérie anaérobie facultative associée à la flore bactérienne commensale de plusieurs animaux de sang chaud, habituellement localisée dans le colon.

E. coli est excrétée quotidiennement chez l'Homme à une concentration de 10^8-10^9 UFC/gramme de selles (Brenner et *al.*, 2005). Elle est responsable de 80% des infections des voies urinaires et bien d'autres graves maladies comme les Bactériémies, le choc endotoxinique, des lésions de la peau et des poumons, les méningites et bactériémies du nouveau-né et du nourrisson, et les syndromes diarrhéiques (Black, 1999 ; FDA/CFSAN, 2003).

Parmi les infections alimentaires causées par *Escherichia coli*, figurent les entérites. Les aliments associés à ces infections sont le lait non pasteurisé et ses dérivées, l'eau potable et les boissons contaminés, la viande hachée et quelques légumes peu cuits.

Cependant, on distingue différents types d'infections dues à *E. coli* :

- Infections causées par *Escherichia coli* endogènes de la flore intestinale et agissant comme opportunistes (Wain et *al.*, 2001).

- Infections causées par *Escherichia coli* exogènes, comprenant les souches d'*E. coli* entéropathogènes, chez lesquelles se différencient cinq groupes selon leurs facteurs de virulence (Levine, 1987 ; Margall et *al.*, 1997) : *Escherichia coli* entéropathogène (EPEC) causant les gastro-entérites épidémiques infantiles, *Escherichia coli* entéro-invasive (EIEC) causant les entérites par un mécanisme invasif identique à celui de *Shigella* sp., *Escherichia coli* entérotoxigénique (ETEC) responsable de diarrhées de type cholérique par un mécanisme de production et de libération des toxines, *Escherichia coli* entéro-aggrégative (EAgEC) qui est la principale cause de diarrhées infantiles persistantes produites par *Escherichia coli*, et *Escherichia coli* entéro-hémorragique (EHEC) qui cause souvent les colites hémorragiques à complications graves. Enfin, Il a été décrit aussi une sixième catégorie, les DAEC (*Diffuse Adhesion E. coli*) ou *E. coli* d'adhésion diffuse (Nataro y Kaper, 1998 ; Kaper et *al.*, 2004 ; Blanco et *al.*, 2006).

b. *E. coli* productrice de la toxine Shiga (STEC)

Ces souches produisent les toxines de la même famille que celles produites par *Shigella dysenteriae* sérotype I. Pour cette raison, toutes ces toxines ont été nommées toxines Shiga-like ou vérotoxines ou toxines Shiga (*Stx*) (Kaper et *al.*, 2004).

Les infections causées par STEC sont associées à la consommation d'eau et d'aliments contaminés. Les principaux réservoirs de STEC sont les bovins, les ovins et les caprins. STEC présente une dose minimale infectieuse faible, allant de 10 à 100 cellules (Willshaw et *al.*, 1994) . Les souches STEC ont suscité de l'intérêt car elles causent les entérites hémorragiques afébriles (O'Brien et *al.*, 1984) associées à deux graves complications : le syndrome d'urémie hémolytique (SHU) et le purpura thrombotique thrombocytopénique (PTT) (Boyce et *al.*, 1995). Aussi, elles peuvent produire deux classes de vérotoxines (toxines Shiga) Stx_1 et Stx_2. Enfin, elles sont la principale cause d'insuffisance rénale chez les enfants.

c. *Escherichia coli* et les Arthropodes

Escherichia coli est présente chez les hôtes à sang chaud, et a été isolée d'Arthropodes nuisibles.

Burgess et Chetwyn ont isolé trois souches d'*Escherichia coli* à partir d'un grand nombre de blattes d'égouts, des hôpitaux et des hôtels à Londres (Burgess et Chetwyn, 1981). Sramova et ses collaborateurs ont également isolés des mouches d'un établissement de soin de santé en Tchécoslovaquie, des souches d'*Escherichia coli* (Sramova et *al.*, 1991).

Aussi, les blattes peuvent transporter ces bactéries pendant un certain temps après le contact avec un matériel souillé. En effet, dans une étude, les blattes expérimentalement nourries par les souches d'*Escherichia coli* O119 ont excrété la bactérie pendant plus de 20 jours (Burgess et *al.*, 1973). Dans d'autres études similaires, on a montré que les souches d'*Escherichia coli* ingérées par les mouches domestiques restent viables dans les excréta de ces insectes (Kobayachi et *al.*, 1999). Au Japon, les mouches domestiques ont été impliquées dans la transmission d'*Escherichia coli* O157 :H7 à partir des réservoirs animaux vers d'autres réservoirs animaux et humains (Moriya et *al.*, 1999).

d. Facteurs de virulence

En plus des toxines Shiga, principaux facteurs de virulence, les souches STEC présentent d'autres gènes codifiant des facteurs importants pour le développement de l'infection. On trouve :

i.   Adhésine : est une fimbriae codifiée par le gène plasmidique *saa* qui favorise l'adhésion à l'entérocyte (Paton et Paton, 1998).

ii. Intimine : est une protéine de type OMP (*Outer Membrane Protein*) codifiée par le gène *eae*, et favorise l'adhésion des STEC aux entérocytes. Elle est aussi présente chez les autres souches d'EPEC, chez *Citrobacter* et *Hafnia alves* (Blanco et *al.*, 2006).

iii. Entérohémolysine : ou hémolysine entérohémorragique d'*E. coli* (Ehly) qui est codifiée par le gène *ehxA* du plasmide O157, et provoque le saignement dans la lumière intestinale et, par conséquent, se déclenche la colite hémorragique (Schmidt et *al.*, 1995).

iv. Facteurs nécrotisants : les souches d'*E. coli* produisent deux types de facteurs nécrotisants : CNF1 et CNF2. Ces facteurs provoquent l'élongation et la multi-nucléation chez les cellules Vero et HeLa, en plus de la nécrose de la peau du lapin et la létalité de souris. Récemment on a décrit un troisième type de facteurs nécrotisants, CNF3 qui semble être pathogène de l'Homme (Orden et *al.*, 2007).

v. La toxine Shiga : les toxines *Shiga* (Stx) sont parmi les principaux facteurs de virulence des souches STEC, donnant le nom au groupe. Il existe deux types de Stx, la Stx_1 et la Stx_2, avec des caractéristiques similaires comme leur toxicité vis-à-vis des lignes cellulaires Vero et HeLa, et leur structure formée par une subunité A et cinq subunités B. Les deux types de toxines sont codifiés par des gènes existant dans les bactériophages. Smith et ses collaborateurs (1983) étaient les premiers à découvrir la présence de ces bactériophages chez une souche d'*E. coli* O26 : H19 notés H19A et H19B. O'Brien et ses collaborateurs (1984) ont obtenu des résultats similaires en étudiant une souche d'*E. coli* O157:H7. Cette souche porte aussi deux bactériophages porteurs des gènes Stx_1 et Stx_2, appelés 933J et 933W respectivement. La présence des gènes codifiant les facteurs de virulence dans le génome de ces bactériophages constitue un mécanisme efficace de dissémination entre les différentes espèces bactériennes. Dans les conditions normales, ces bactériophages sont intégrés au chromosome bactérien et, quand le cycle lytique est induit, se libèrent de grandes quantités de bactériophages capables d'infecter d'autres bactéries (Smith et *al.*, 1983). L'importance de ces bactériophages dans la dispersion des gènes Stx reste révélée par l'augmentation du nombre des sérotypes porteurs de ces gènes et de bien d'autres souches bactériennes. Entre les deux grands groupes de Stx, s'observent certaines différences. En effet, le groupe de Stx_1 est relativement homogène, décrit seulement une variante, la Stx_{1c} (Smith et *al.*, 1983) qui est pratiquement identique à la toxine Shiga produite par *Shigella dysenteriae* type I. Le groupe de Stx_2 est très hétérogène ; dans lequel, on a décrit jusqu'aux 11 subtypes différents (Smith et *al.,* 1983). Toutefois, en dépit de cette diversité, on reconnaît cinq variantes principales (Stx_2, Stx_{2c}, Stx_{2d}, Stx_{2e}, Stx_{2f}) et la Stx_{2g}, récemment découverte (Leung et *al.,* 2003). Dans ce travail on essaie de rechercher et détecter le gène Stx_2 qui codifie la toxine Stx_2. Epidémiologiquement, Stx_2 semble être la plus fréquemment associée aux maladies de HUS que la Stx_1 (Smith et *al.,* 1983), et les souches les plus fréquemment associées portent seulement le gène Stx_2 (Leung et *al.,* 2003). En plus selon certaines études toxicologiques, la Stx_2 est 1000 fois plus toxique que la Stx_1 (Smith et *al.,* 1983). Aussi c'est une étude d'intérêt particulier du fait que ce gène est codifié par un bactériophage ; un modèle excellent d'étude de la mobilité de ce type de gène entre les différentes populations et le rôle que peuvent jouer les bactéries lysogéniques comme réservoirs de gènes qui, en un moment déterminé peuvent mobiliser et provoquer l'émergence de nouveaux pathogènes.

vi.   Les bactériophages : ou phages sont des virus bactériens. La majorité des phages connus causent une infection lytique (Waldor et *al.,* 2005). Ils sont connus comme virulents.

vii.   Bactériophages-stx_2 : sont aussi connus comme lambdoïdes car ils partagent la même structure du phage lambda (λ). Néanmoins, leur morphologie peut être différente et, par conséquent, différente de celle du lambda (Schmidt, 2001).

viii.   Aérobactine : *E. coli* utilise le fer pour le transport et le stockage d'oxygène, la synthèse d'ADN, le transport d'électron et le métabolisme des peroxydes (Bagg et Neilands, 1987). En réponse à l'infection, l'hôte réduit davantage la quantité de fer disponible, nécessaire à l'invasion d'agents pathogènes, en diminuant l'absorption intestinale du fer, la synthèse des protéines supplémentaires de fer et le déplacement de fer depuis le plasma vers le stockage intracellulaire (Weinberg, 1978). Chez *E. coli* l'aérobactine est la plus efficace des systèmes de chélation du fer utilisés par les bactéries entériques (De Lorenzo et Martinez, 1988). Les souches ayant le système aérobactine peuvent croître en conditions minimales de fer (Williams, 1973), comme dans le sérum et l'urine diluée. Le système aérobactine a de nombreux avantages par rapport aux autres sidérophores comme l'entérobactine. En effet, ce dernier est moins soluble et moins stable que l'aérobactine (De Lorenzo et Martinez, 1988). La libération du fer par l'entérobactine exige l'hydrolyse de ce dernier (De Lorenzo et Martinez, 1988), alors que l'aérobactine est recyclée sans hydrolyse (De Lorenzo et Martinez, 1988). Contrairement à l'entérobactine qui laisse le fer libre dans le cytosol, l'aérobactine offre le fer directement aux centres bactériens du fer (Williams, 1973). Enfin, la production d'aérobactine est stimulée par de moindres degrés de fer (De Lorenzo et Martinez, 1988). Chez presque toutes les souches d'*E. coli*, le système aérobactine est codifié par cinq gène-opéron, avec quatre gènes codant les enzymes nécessaires à la synthèse d'aérobactine et un cinquième gène codant la protéine de membrane externe (De Lorenzo et Martinez, 1988). Les gènes déterminants d'aérobactine se trouvent aussi bien sur des plasmides et le chromosome bactérien, avec une prédominance de la localisation chromosomique chez des isolats cliniques des patients (De Lorenzo et Martinez, 1988). Les souches d'*E. coli* entéropathogéniques et entéroinvasives isolées d'animaux domestiques expriment ce gène (Williams et Roberts, 1985). L'aérobactine est produite par 40% des souches d'*E. coli*, *Shigella* et les souches d'*Enterobacter*, et avec un très faible pourcentage, par les souches de *Klebsiella*, *Citrobacter*, *Proteus*, *Morganella*, *Yersinia*, *Serratia* et *Salmonella* (Williams et Roberts, 1985). Le système aérobactine est plus communément rencontré chez les souches d'*E. coli* isolées de patients atteints de pyélonéphrite (73%), de cystite (49%) ou de bactériémie (58%).

On suggère que l'aérobactine contribue à la virulence à l'intérieur et à l'extérieur de l'appareil urinaire. La prévalence faible de la production d'aérobactine chez des isolats d'*E. coli* environnementaux (6%) indique que l'aérobactine peut faciliter la colonisation des voies gastro-intestinales de l'Homme par des souches commensales (Williams et Roberts, 1985).

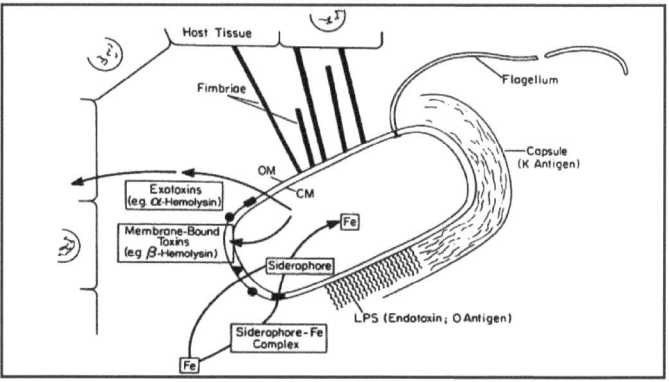

Figure 8 : Représentation schématique d'une cellule d'*E. coli* en interaction avec un tissu-hôte, mettant en évidence les facteurs de virulence de cette bactérie. OM : membrane externe; CM : membrane cytoplasmique; LPS : lipopolysaccharides (Eisenstein et Jones, 1988).

IV.5 *Proteus*

Les bactéries de ce genre se trouvent dans les tissus d'animaux en décomposition, les eaux usées, l'alimentation humaine et animale, les selles, le sol et sur les légumes. Dans les eaux d'égout, elles contribuent largement à la putréfaction organique en raison de leur activité protéolytique.

Proteus vulgaris et *Proteus mirabilis* sont occasionnellement pathogènes pour l'homme, et peuvent causer des infections urinaires souvent chroniques ou à répétition. Elles sont également à l'origine d'infections purulentes, entraînant la formation d'abcès et surinfectant les plaies et les brûlures. Leur rôle dans les gastro-entérites infantiles et dans les gastro-entérites, succédant à l'ingestion d'aliments contaminés, a été évoqué (FDA/CFSAN, 2003).

Proteus sp. ont été isolées des blattes et des mouches capturées dans les quartiers, les hôpitaux ou dans des Services de restauration (Cornwell & Mendes, 1981 ; Pai et *al.,* 2005 ; Rahuma et *al.,* 2005).

IV.6 *Campylobacter*

Les espèces les plus communément trouvées chez l'Homme sont : *Campylobacter jejuni* et *Campylobacter coli* qui causent les gastro-entérites aiguës, cliniquement distinguées de celles causées par les *Salmonelles* ou les *Shigelles* (Healing et al 1992; Pearson et Healing, 1992).

La principale source d'infections à *Campylobacter* est la consommation d'aliments contaminés, plus particulièrement de volailles (Craven et *al.,* 2000).

Campylobacter jejuni a été isolée en petite proportion (0,5%) d'un échantillon de 690 blattes américaines et blattes orientales capturées dans les cuisines et près de poulaillers à Vom, Nigéria (Umannabuike & Irokanulo, 1986).

Les Campylobacters ont également été isolés du tube digestif et de la surface externe des mouches dans plusieurs études (Shane et al, 1984 ; Ruble, 1986).

En outre, les mouches domestiques sont capables de transmettre *Campylobacter jejuni* et *Campylobacter* sp. (Shane et *al.,* 1984 ; Khalil et *al.,* 1994).

IV.7 *Yersinia*

Le genre *Yersinia* comporte une dizaine d'espèces dont *Yersinia pestis*, *Y. pseudotuberculosis* et *Y. enterocolitica*. Elles sont responsables d'yersinioses.

Ces bactéries sont présentes dans l'eau, le sol et sur les végétaux. Elles sont retrouvées chez les animaux malades ou porteurs sains, mais également chez l'Homme (FDA/CFSAN, 2003).

Les souches d' *Yersinia enterocolitica* sont responsables d'entérocolites, infections intestinales se rencontrant à tout âge mais prédominent chez les jeunes enfants. Elles se caractérisent par des selles abondantes, souvent sanglantes et associées la plupart du temps à une forte température et à des douleurs abdominales. La contamination est en générale d'origine alimentaire (FDA/CFSAN, 2003).

Zurek et ses collaborateurs (2000) ont pu isoler *Yersinia pseudotuberculosis* de l'intestin de la larve des mouches domestiques collectées dans une ferme. Ces mêmes chercheurs ont étudié dans une autre recherche le rôle du *Musca domestica* comme vecteur potentiel de *Yersinia pseudotuberculosis* (Zurek et *al.*, 2001). Ils ont conclu que la mouche domestique peut être considérée comme vecteur des infections tuberculosiques. On trouve *Yersinia enterocolitica* principalement dans des sources cliniques et chez les porcs, les chiens, les chats et les souris.

Les souches d'*Yersinia enterocolitica* ont été isolées de mouches collectées dans une porcherie et la cuisine d'une ferme. Dans cette étude, on a suggéré que les mouches peuvent jouer un rôle important dans la contamination des aliments par *Yersinia enterocolitica* (Fukushima et *al.*, 1979).

Yersinia pestis, l'agent de la peste, a été isolé également à partir des blattes (Burgess, 1974).

IV.8 *Vibrio*

Les bactéries du genre *Vibrio* vivent en saprophytes dans les eaux usées, mais également dans les eaux de mer. Certaines espèces sont pathogènes pour l'Homme et les animaux, plus particulièrement les animaux aquatiques comme les poissons et les batraciens.

On trouve trois principales espèces de *Vibrio* : *V. cholerae* (sérogroupes O1, non-O1, et O139), *V. parahaemolyticus*, et *V. vulnificus* (Davis et *al.*, 1981).

Vibrio cholerae sérogroupe O1 est responsable du Choléra chez l'Homme. C'est une toxi-infection intestinale transmise par l'eau de boisson, voire les légumes crus, les fruits contaminés, etc. (Kamal, 1974; Kelly et *al.*, 1992). La forme aiguë de la maladie revêt un aspect typique. Elle se manifeste par des vomissements et des diarrhées abondantes ; les selles sont liquides, afécales à aspect d'eau de riz (selles riziformes). La perte d'eau, très intense et rapide, conduit à une déshydratation mortelle en deux à cinq jours (FDA/CFSAN, 2003b).

Le pouvoir pathogène des vibrions responsables du choléra s'explique essentiellement par l'action de leur toxine, la toxine choléragène qui agit au niveau de la paroi de l'intestin grêle. Cette toxine, de nature protéique et libérée au niveau des entérocytes, entraîne une sortie massive de l'eau et des électrolytes de l'organisme (Farmer et *al.,* 1985).

Vibrio parahaemolyticus est responsable d'intoxications alimentaires dues à l'ingestion de produits de la mer contaminés et consommés crus (FDA/CFSAN, 2003).

Les souches de *Vibrio cholerae* ont été isolées de mouches domestiques capturées dans une aire défavorisée à Delhi en Inde, là où la pandémie du choléra est rencontrée. D'après ces résultats, les mouches domestiques transmettaient *Vibrio cholerae* dans cette région de l'Inde (Fotedar, 2001).

IV.9 *Pseudomonas*

Très répandus dans l'environnement, ces bacilles occupent des niches écologiques variées. Ils vivent principalement dans l'eau et les sols humides. Dans les habitations, ils colonisent les siphons d'évier, les réservoirs d'eau ; ils contaminent l'eau des fleurs coupées et toute solution aqueuse.

Quelques espèces seulement se retrouvent chez l'Homme ou l'animal, soit comme commensales soit comme pathogènes.

Certains souches, comme *Pseudomonas aeruginosa*, sont capables de produire des pigments fluorescents. Elles survivent bien dans des conditions chaudes et humides.

Pseudomonas aeruginosa intervient fréquemment comme pathogène opportuniste. En transit au niveau de la peau et des muqueuses, elle surinfecte les plaies, particulièrement les brûlures ; elle entraîne dans les organismes affaiblis des infections diverses, voire une septicémie. Elle se rencontre essentiellement en milieu hospitalier (Estahbanati et *al.,* 2002).

Les autres *Pseudomonas*, comme *P. cepacia*, *P. maltophila*, sont également capables de causer des infections chez l'homme, mais elles sont rares.

Les espèces de *Pseudomona* ont été isolées des blattes en milieu hospitalier (LeGuyader et al 1989). Soulignons que les souches de *Pseudomonas aeruginosa* isolées de blattes d'hôpitaux ont été trouvées résistantes aux antibiotiques (Pai et *al.,* 2005).

IV.10 *Staphylococcus*

Ubiquitaires, les staphylocoques se retrouvent dans de nombreux sites ; ils vivent soit en saprophytes dans le milieu extérieur (eau, sol, air) soit en commensaux sur la peau et les muqueuses de l'Homme et des animaux.

L'Homme héberge plusieurs espèces de Staphylocoques ; les plus importantes sont *Staphylococcus aureus* et *S. epidermidis*.

Staphylococcus aureus est responsable d'infections pyogènes graves, et cause l'intoxication alimentaire. Tandis que *Staphyloccus epidermidis* fait partie de la flore cutanée normale, et peut provoquer l'endocardite infectieuse et infecter les valves cardiaques artificielles et les blessures (FDA/CFSAN, 2003).

Le pouvoir pathogène de *Staphylococcus aureus* résulte de plusieurs sécrétions particulières, des enzymes (coagulase et protéase en particulier), des toxines, des staphylolysines et des leucocidines qui lui confèrent un pouvoir toxique (FDA/CFSAN, 2003).

Staphylococcus aureus a été isolée des blattes et des mouches dans les hôpitaux (LeGuyader et *al.,* 1989; Fotedar et *al.,* 1991a, 1992b ; Pai et *al.,* 2005 ; Boulesteix et *al.,* 2005 ; Rahuma et *al.,* 2005).

IV.11 Autres bactéries

D'autres espèces de bactéries ont été isolées des mouches et des blattes ; parmi lesquelles, on trouve :

- *Acinetobacter* sp. qui cause parfois des infections de brûlures dans les hôpitaux (Burgess et al 1973) ;
- *Serratia* sp., *Citrobacter* sp. et *Enterobacter* sp. : sont responsables, en proportion faible, d'infections des plaies, de septicémies, d'infections des voies urinaires et d'infections des voies respiratoires supérieures (Burgess et al 1973; LeGuyader et *al.,* 1989; Sramova et *al.,* 1991; Cloarec et *al.,* 1992).

V. Conclusion

Les Arthropodes domestiques comme les blattes et les mouches peuvent contribuer à la dissémination des infections surtout d'ordre alimentaire dans le monde entier. Toutefois, avec l'application des mesures de lutte contre ces insectes fléaux, leur impact préjudiciable sur la santé publique a été minimisé.

Les populations de ces insectes peuvent croître rapidement dans une région donnée si les conditions d'insalubrité subsistent en augmentant les risques de transmission de diverses maladies associées aux infestations dues à ces insectes.

Comme ces insectes hébergent de nombreux pathogènes pour l'Homme, acquis naturellement de sources non hygiéniques, il est nécessaire d'empêcher ces insectes d'avoir accès à l'alimentation humaine. L'hygiène et l'élimination des insectes transmetteurs ou vecteurs d'agents pathogènes restent la meilleure mesure dans les programmes de lutte contre les parasites dans les aires de productions alimentaires. Les mesures de lutte contre les insectes vecteurs de maladies doivent concerner ces insectes durant leurs stades de développement, plus particulièrement dans le cas des mouches domestiques.

En outre, dans les régions qui ne possèdent pas de données statistiques épidémiologiques, les études microbiologiques des blattes et des mouches peuvent fournir des informations épidémiologiques essentielles, surtout sur les entéropathogènes humains.

Les mouches et les blattes partagent certains attributs qui attirent l'attention de nombreux entomologistes qui expliquent leur association directe avec les infections alimentaires. Parmi lesquels, on trouve la synanthropie, l'endophilie, le comportement de communication, et leur attirance à la fois par les excréments humains et les produits alimentaires.

Par ailleurs, les sites d'attraction des mouches (déchets ou aliments humains) sont visités par un grand nombre de ces insectes. Ceci cause l'accumulation des agents pathogènes qui dépendent de manière directe de la capacité de transport d'agents pathogènes par une seule mouche. Par conséquent, une grande population de mouches augmente proportionnellement la charge des pathogènes sur les surfaces visitées par ces insectes.

La transmission mécanique des infections par ces insectes se fait par trois manières : par leur surface externe, au moment de la régurgitation et par leur excréments.

Leur biologie et leur écologie expliquent leur rôle potentiel de transmetteurs d'agents infectieux.

La transmission mécanique d'agents pathogènes par ces insectes et leur participation épidémiologique dans les infections alimentaires humaines n'ont pas beaucoup attiré l'attention des scientifiques. Toutefois, d'autres études sont nécessaires afin d'élucider les mécanismes impliqués dans le maintien de l'infectiosité des agents pathogènes portés par ces insectes, l'efficacité des différentes formes de transfert (exosquelette, tractus gastro-intestinal), et les facteurs temporels et spatiaux de la dispersion des agents pathogènes, provenant de sites contaminés, par les insectes.

DEUXIEME PARTIE
TRAVAUX EXPERIMENTAUX

CHAPITRE I

Dénombrement des bactéries isolées des Blattes américaines et des mouches domestiques capturées dans les 6 quartiers

Chapitre I : dénombrement des bactéries isolées des Blattes américaines et des mouches domestiques capturées dans les 6 quartiers étudiés

I. Introduction... 80

II. Données générales sur les sites de récolte d'insectes.................................. 82

   II.1 Données géographiques et démographiques.. 82

   II.2 Quelques données épidémiologiques.. 86

III. Dénombrement des bactéries dans les six quartiers sélectionnés...................... 86

IV. Analyse statistique.. 87

V. Résultats... 88

   V.1 Introduction.. 88

   V.2 Comparaison des charges bactériennes dans les six quartiers sélectionnés......... 88

     V.2.1 Comparaison des charges bactériennes portées par les mouches dans les six quartiers d'étude... 88

     V.2.2 Comparaison des charges bactériennes portées par les blattes de six quartiers d'étude.. 90

VI. Discussion et conclusions... 92

I. Introduction

Dans cette étude, les mouches (*Musca domestica*) et les blattes (*Periplaneta americana*) sont collectées des habitations de six quartiers de Tanger selon leurs conditions socio-économiques (population, type d'habitat et niveau social). Les quartiers concernés sont Bendiban (BD), Banimakada (BM), Castilla (CA), Val fleuri (VAL), Place Mozart (PM) et Charf (CF) Carte I.

Pour cette étude, il nous a paru essentiel en premier lieu de définir certains paramètres liés aux quartiers étudiés et, en général, à la région d'étude. Ceci afin de pouvoir interpréter les résultats obtenus ultérieurement.

La partie qui suivra sera consacrée à isoler et à dénombrer les bactéries portées par les blattes américaines et les mouches domestiques provenant des six quartiers choisis de Tanger. Le deuxième chapitre concerne l'identification de ces bactéries isolées des insectes capturés dans les différents sites de récolte. Quant au troisième chapitre, on a étudié la sensibilité aux différents antibiotiques de ces mêmes bactéries. Finalement, notre travail se termine par la recherche de certains facteurs de virulence comme la toxine Stx_2, le système de captation du fer (aérobactine) et les deux types du noyau de LPS chez les isolats de *Klebsiella* sp. et d'*E. coli* portés par les deux insectes en vue de déterminer le degré de virulence des bactéries isolées dans notre région d'étude.

Entre la période de mars-octobre 2006, 60 blattes américaines (10 par quartier) et 600 mouches domestiques (100 par quartier) ont été récoltées dans les six quartiers sélectionnés.

Les mouches sont capturées, grâce à des filets aériens stérilisés, de tas d'ordures et de petites décharges dans chaque quartier. Les mouches ont été attrapées pendant la journée de 9h à 13h, lorsqu'elles sont actives. Elles sont ensuite introduites dans des sacs en plastiques stérilisés, sur lesquels, on indique le nom d'insecte récolté, le lieu et la date de récolte.

Quant aux blattes, elles sont capturées surtout le soir dans des cuisines et des salles de bain de maisons des six quartiers choisis, en utilisant des flacons stérilisés.

Une fois au laboratoire, les insectes sont transférés dans des tubes à essai stériles et gardés au réfrigérateur à +4°C jusqu'à leur identification et leur examen microbiologique.

L'identification des insectes consiste en un examen simple à l'œil nu et/ou sous un microscope à faible puissance, en suivant les clés standards taxonomiques de l'identification comme décrit par Harwood et James (1979).

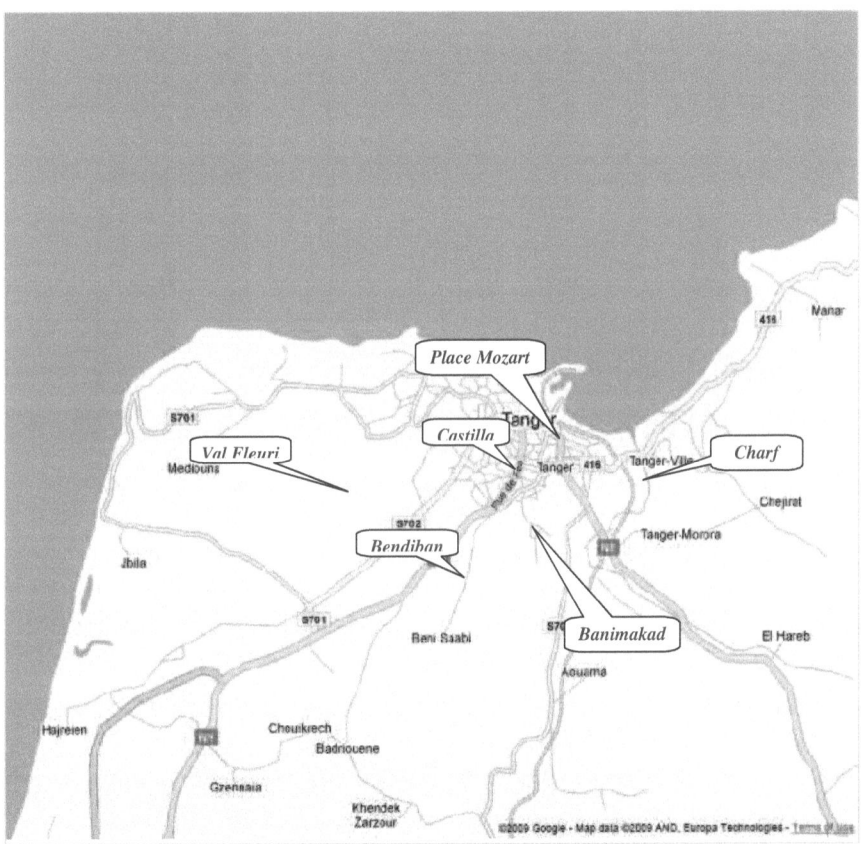

Carte I : Localisation des stations d'échantillonnage choisis pour la capture des *Periplaneta americana* et des *Musca domestica*. Source : google maps (5/09/2009).

II. Données générales sur les sites de récolte d'insectes

II.1 Données géographiques et démographiques

La province de Tanger est située à l'extrême Nord-Ouest du Maroc. Limitée au Nord par le Détroit de Gibraltar, à l'Ouest par l'océan Atlantique, à l'Est et au Sud par les provinces de Tétouan et de Larache. La population de la province Tanger-Assilah comptait 762583 habitants et 162713 ménages en 2004, contre 591858 habitants et 113822 ménages en l'an 1994 (RGPH, 2006) Carte II.

Tableau 1: Population et effectifs des ménages des Communes de la province de Tanger-Assilah aux recensements de 1994 et 2004. Source: RGPH 1994, 2004 : Recensement Général de la Population et de l'Habitat. DIRECTION REGIONALE DE TANGER-TETOUAN. Site web : www.hcp.ma

Commune	2004		1994	
	Population	Ménages	Population	Ménages
BNIMAKADA	**47384**	**238382**	25527	**144154**
CHARF-MOGHOGHA	30036	141987	19932	108577
CHARF-SOUANI	25948	115839	20514	105882
TANGER-MEDINA	40929	173477	**30721**	138534

Il est à signaler tout d'abord que les quartiers Banimakada et Bendiban appartiennent à la Commune BNIMAKADA, Castilla à la commune TANGER-MEDINA, Val Fleuri à la commune CHARF-SOUANI, et Charf et Place Mozart à la commune CHARF-MOGHOGHA.

D'après le tableau 1, on remarque qu'en général, la population et le nombre de ménages dans les 4 communes ont augmenté par rapport à l'an 1994. D'autre part, la commune Banimakada enregistre une population et un nombre de ménages les plus élevés à l'échelle de la province

En plus, 2470372 habitants ont été recensés en 2004 au niveau de la région de Tanger-Tétouan, contre 2036032 habitants en 1994, soit un accroissement relatif de 21,3%. Toutefois, on a une prédominance de la population urbaine dont le poids a culminé à 58,4%. Ce taux d'urbanisation est supérieur à celui enregistré en 1994 (55,9%).

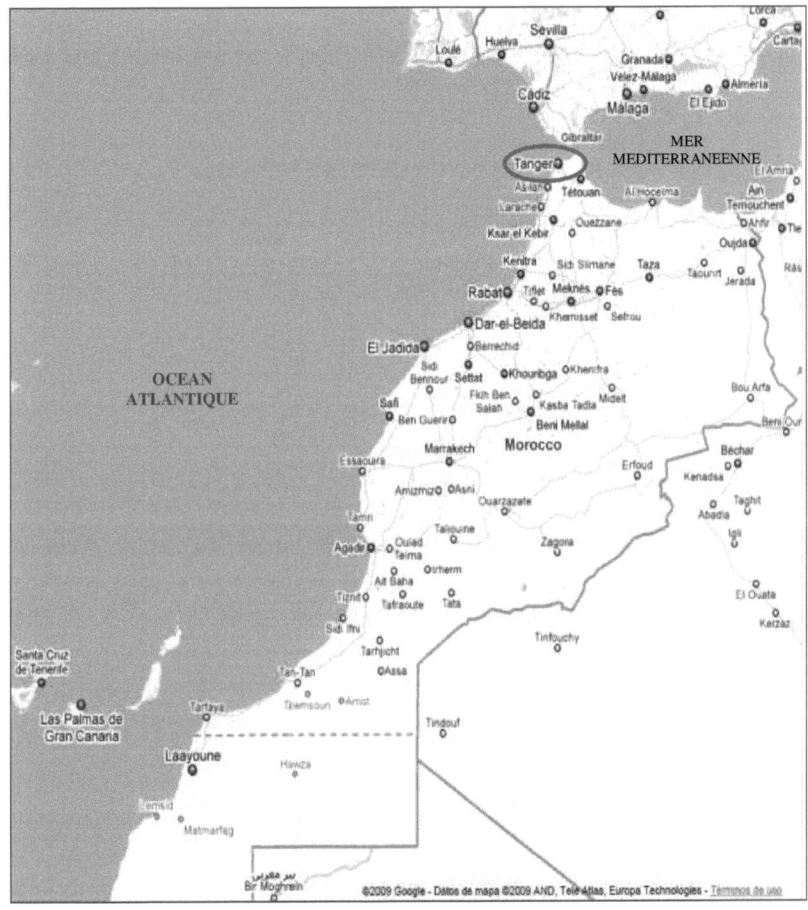

Carte II : Carte du Maroc avec la situation géographique de la ville de Tanger. Source : google maps (5/09/2009).

D'après les données de recensement, la région de Tanger-Tétouan comptait en 2004, 483835 ménages, dont 310574 ont été recensés en milieu urbain, soit une proportion de 64,2% de l'ensemble des ménages.

D'autre part, le taux d'analphabétisme dans la région de Tanger-Tétouan est de 41,5% en 2004, contre 53,6% en 1994.

Tableau 2: Répartition des ménages du milieu urbain de la région Tanger-Tétouan selon le type d'habitat aux RGPH 1994 et 2004 (%).

Type d'habitat	Milieu urbain	
	1994 (%)	**2004** (%)
Villa, niveau de villa	1,7	1,7
Appartement	9,9	11,7
Marocain traditionnel	12,9	6,6
Marocain moderne	64,4	70,3
Sommaire ou bidonville	8,0	5,2
Rural	0,7	0,7
Autres	2,3	3,7

Selon les données du tableau 2, on peut observer qu'en 2004, l'habitat de type marocain moderne abrite la majorité des ménages urbains (70.3%), et loin derrière lui, vient l'habitat de type appartement (11.7%). En d'autres termes, plus de 90% des ménages citadins de la région logent dans des habitats à priori salubres, et le reste habite dans des logements soit de type sommaire ou bidonville soit de type rural ou des locaux non destinés à l'habitation. On note aussi qu'il y a une légère différence dans les pourcentages des types d'habitats entre l'année 1994 et 2004 (Tableau 2).

Tableau 3: Pourcentage des ménages du milieu urbain de la région Tanger-Tétouan selon le mode d'évacuation des eaux usées au RGPH 2004.

Mode d'évacuation	Urbain (%)
Réseau public	84,8
Fosse sceptique	7,6
Puits perdu	0,8
Autre mode d'évacuation	6,8

Sur le plan assainissement, 84,8% des ménages urbains de la région habitent des logements reliés à un réseau public d'évacuation des eaux usées et 7,6% utilisent des fosses sceptiques. Le reste utilise soit le puits perdu ou d'autres moyens d'évacuation (Tableau 3).

D'après toutes ces données, on dénote une croissance démographique parmi les plus élevées du pays et un rythme soutenu et persistant d'urbanisation ayant pour corollaire la formation de quartiers d'habitat insalubres et sous-équipés, dont l'impact sur la santé de la population et sur l'environnement urbain est devenu préoccupant.

En outre, le développement de la ville de Tanger connaît des dysfonctionnements et des déséquilibres urbains se rapportant principalement à la topographie accidentée, à la structure éclatée de l'agglomération, au développement de l'habitat insalubre, et à l'état de desserte des quartiers tant centraux que périphériques en alimentation en eau potable, assainissement liquide, voirie et en équipements socio-collectifs, et services municipaux.

Quant aux quartiers de la ville de Tanger, Banimakada et Bendiban sont relativement défavorisés et sous-équipés, vu leur haute densité de population et leur réseau d'assainissement inadéquat. Place Mozart et Charf bénéficient d'une situation socio-économique favorable. Val fleuri et Castilla se situent entre ces deux catégories de quartiers.

Tableau 4 : Principales caractéristiques des 6 quartiers de récoltes des insectes. (Les données sur les quartiers ont été fournies par la société des eaux et de l'électricité du Nord Amendis et le Département de l'Habitat et de l'Urbanisme.)

Paramètres				
Quartiers	Tissu urbain (densité)	Densité de population	Type d'urbanisme	Réseau d'assainissement
Bendiban, Banimakada	Forte	forte	mêlé : clandestins, planifié, bidonvilles	vétusté
Val fleuri, Castilla, Place Mozart, Charf	Moyenne	moyenne	Planifié	assaini

II.2 Quelques données épidémiologiques

Tableau 5 : Nombre de cas de maladies enregistrés dans les quartiers de Tanger pour l'année
2005-2006. Source : Service d'épidémiologies de la Délégation de Santé de Tanger.

Maladie Quartier	*Conjonctivites*	*Infections diarrhéiques*	*Dysenterie*	*Infections respiratoires aigues chez les enfants*	*Toxi-infections alimentaires*
Banimakada	494	**707**	4	**2031**	**10**
Bendiban	**644**	--	--	796	0
Castilla	--	--	--	463	0
Val fleuri	92	121	10	729	0
Charf	348	123	**19**	144	0
Place Mozart	264	92	0	627	0

--: donnée non disponible.

Les données ci-dessous ont été obtenues auprès du Service d'épidémiologie de la Délégation de Santé de Tanger, durant l'année 2005-2006.

On peut constater d'après ce tableau qu'en général, les cas d'infections que connait la population de la ville de Tanger se concentrent plus particulièrement dans les quartiers de Banimakada et Bendiban. Par contre et dans l'ensemble, le quartier Place Mozart enregistre relativement peu de cas d'infections.

En outre, la période "mai-septembre" connaît l'augmentation de cas de diarrhées-dysenterie, et celle d'"octobre-mars" concerne les infections respiratoires aiguës, selon le Service d'épidémiologie de la Délégation de Santé de Tanger.

III. Dénombrement des bactéries dans les six quartiers sélectionnés

Dans cette partie d'expérimentation, nous avons dénombré les bactéries relatives aux insectes provenant de chaque quartier choisi. Ceci permettra la comparaison des charges bactériennes des six quartiers étudiés à partir de l'analyse microbiologique des insectes et, par conséquent, on pourra définir le degré de contamination de chaque quartier et tenter de le lier avec les conditions hygiéniques et socio-économiques relatives a chaque site de prélèvement.

Ainsi, pour chaque quartier, 10 blattes américaines adultes sont analysées individuellement en les introduisant dans des tubes à essai stériles contenant 5 ml d'eau physiologique stérile (0.85%). Tout de suite, le mélange (1 blatte + 5ml d'eau physiologique) est agité soigneusement pendant 2 min, afin de laver toute la surface externe de l'insecte et ainsi libérer dans la solution aqueuse tous les germes portés sur son corps. L'objectif est de dénombrer de façon indirecte la charge moyenne reliée à chaque site de prélèvement.

Quant aux mouches, elles sont analysées en groupes de 10 mouches domestiques adultes. La même opération est répétée aussi 10 fois pour la détermination moyenne du nombre des bactéries dans chaque quartier.

Les solutions résultantes du lavage des insectes sont transférées vers de nouveaux tubes à essai vides et stériles pour préparer les dilutions décimales jusqu'à 10^5. Des aliquotes de 0,1 ml de chaque dilution sont ensemencés à l'aide d'un étaloir sur la gélose de MacConkey et la gélose Chapman. Pour chaque dilution, on a ensemencé deux boîtes de Petri pour les deux milieux de culture utilisés. Les boîtes de Petri sont incubées à 37°C pendant 24 à 48 heures. Les colonies sont examinées à l'aide d'un stéréomicroscope afin de compter les unités formants colonies (UFC), et seules les boîtes ayant un nombre des (UFC) compris entre 3 et 300 sont retenues.

Après incubation des boîtes, les colonies sont énumérées pour calculer les UFC dans chaque quartier. Enfin, les colonies morphologiquement différentes sont isolées et conservées dans la gélose de conservation des souches en vue de les identifier et de les analyser ultérieurement.

NB : on a utilisé la gélose MacConkey pour isoler et énumérer les Entérobactéries à partir des insectes. Le cristal violet et les sels biliaires que contient ce milieu, inhibent la croissance de la flore Gram-positif. De même, on a choisi la gélose Chapman pour l'isolement et le dénombrement des Staphylocoques sur la base d'une tolérance à une forte teneur en NaCl.

IV. Analyses statistiques

Les résultats obtenus du dénombrement des bactéries ont été traités par analyse de variance (ANOVA) en utilisant le logiciel *Statistica Software* (Statistica, 1997). Les nombres moyens des UFC chez les deux espèces d'insectes et dans les six quartiers choisis ont été comparés grâce au test *Tukey post hoc test*.

Pour chaque paramètre analysé, les différences ont été exprimées comme étant significatives avec un intervalle de confiance de 95 %, soit $p < 0,05$.

V. Résultats

V.1 Introduction

Les résultats de cette étude sont quantitatifs et visent à quantifier la capacité potentielle de transport bactérien des blattes américaines et des mouches domestiques, et à déterminer le degré de contamination des quartiers sélectionnés.

Dans notre étude, le nombre des bactéries que portent une mouche domestique et une blatte américaine a été déterminé afin de quantifier la capacité potentielle de transport bactérien de chaque insecte et dans chaque site de récolte et, par conséquent, chercher les circonstances qui peuvent favoriser la transmission potentielle des bactéries par ces deux espèces d'insecte.

Les charges bactériennes portées par les insectes sont également comparées entre les six quartiers de Tanger.

V.2 Comparaison des charges bactériennes dans les six quartiers sélectionnés

V.2.1 Comparaison des charges bactériennes portées par les mouches dans les six quartiers d'étude

Les figues ci-dessous représentent le nombre moyen des UFC des bactéries portée par les mouches en fonction du site d'échantillonnage.

L'analyse de la figure 9 et le résultat du traitement statistique qu'on a réalisé sur ces données montrent que le nombre des Entérobactéries transportées par les mouches domestiques du quartier Banimakada (BM) est significativement supérieur par rapport à celui des autres quartiers ($p < 0,001$). Toutefois, dans le reste des quartiers, la différence entre les charges de ces bactéries n'est pas significative.

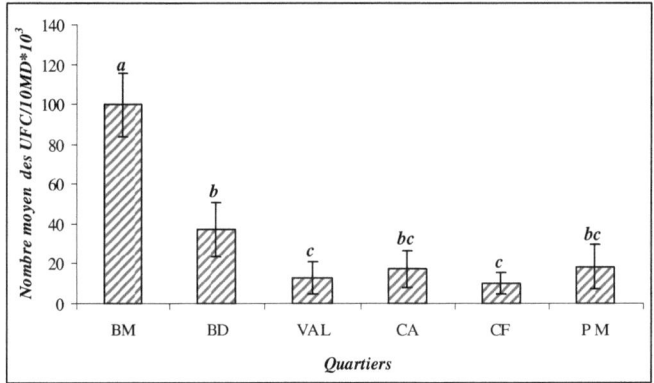

Figure 9 : Nombre moyen des Entérobactéries isolées des mouches domestiques capturées dans les six quartiers de Tanger. Les moyennes suivies par la même lettre ne sont pas significativement différentes selon le test *Tukey post hoc.*

En ce qui concerne la figure 10, nous constatons que la différence entre le nombre des Staphylocoques portés par les mouches domestiques des quartiers Banimakada et Bendiban, et celle entre les quartiers Charf et Place Mozart ne sont pas significatives (p> 0,05). Néanmoins, entre les quartiers Val Fleuri et Castilla, on a une différence hautement significative dans les charges de ces bactéries (p <0,001). Les nombres des UFC les plus faibles ont été enregistrés dans le quartier Val Fleuri (figure 10).

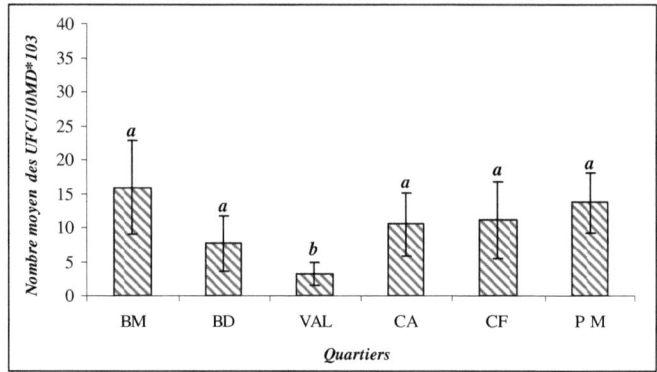

Figure 10 : Nombre moyen des *Staphylococcus* isolés des mouches domestiques collectées dans les six quartiers de Tanger. Les moyennes suivies par la même lettre ne sont pas significativement différentes selon le test *Tukey post hoc*.

V.2.2 Comparaison des charges bactériennes portées par les blattes de six quartiers d'étude

De même, d'après le traitement statistique des résultats de dénombrement des Entérobactéries isolées à partir des blattes provenant des six quartiers de Tanger, et l'analyse de la figure 11, on constate que le nombre moyen de ces bactéries est significativement plus élevé chez les blattes (*Periplaneta americana*) du quartier Banimakada par rapport au reste des quartiers choisis (p <0,001). On note aussi qu'il n'y a pas de différences significatives entre les concentrations des Entérobactéries dans les autres quartiers.

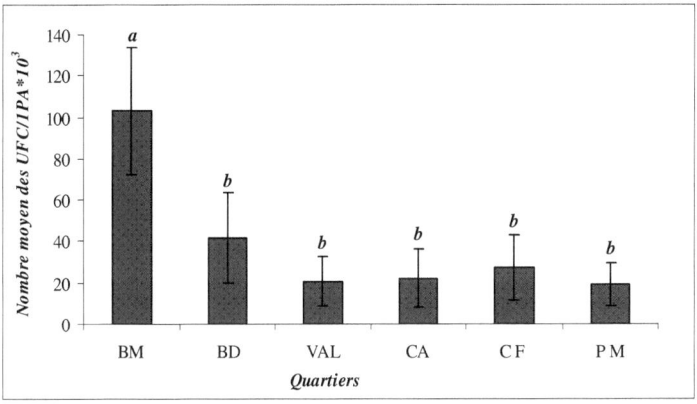

Figure 11: Nombre moyen des Entérobactéries isolées des blattes américaines collectées dans les six quartiers de Tanger. Les moyennes suivies par la même lettre ne sont pas significativement différentes selon le test _Tukey post hoc._

La figure 12 présente les résultats de dénombrement des Staphylocoques isolés de blattes américaines récoltées dans les six quartiers de Tanger.

Selon l'analyse statistique de ces résultats, la différence entre le nombre de Staphylocoques transportés par _Periplaneta americana_ entre les quartiers (Banimakada et Bendiban), (Val Fleuri et Castilla) et (Charf et Place Mozart) n'est pas significative. Toutefois, les charges de ces bactéries sont significativement plus élevées dans les quartiers Banimakada et Bendiban que celles dans les quartiers Val Fleuri, Charf et Place Mozart.

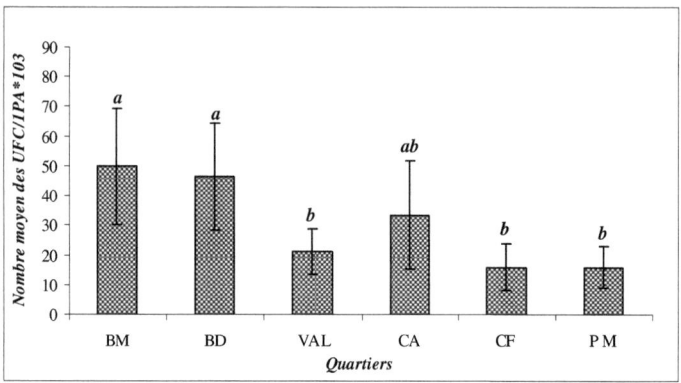

Figure 12: Nombre moyen des Staphylocoques isolés des blattes américaines collectées dans les six quartiers de Tanger. Les moyennes suivies par la même lettre ne sont pas significativement différentes selon le test *Tukey post hoc*.

VI. Discussion et conclusions

Periplaneta americana et *Musca domestica* sont très répandues en Afrique en raison des conditions climatiques et environnementales favorables (Boulesteix et *al.*, 2005).

Le pouvoir potentiel de transfert d'agents pathogènes par les mouches domestiques et les blattes américaines a été démontré plutôt qualitativement que d'une manière quantitative. En outre, l'idée de la relation directe qui existe entre la taille de l'insecte et la capacité de contamination et de transmission d'agents infectieux, à été soutenue par peu de recherches dans le monde entier (Mariluis et al., 1989; Fotedar et Banerjee, 1992 ; brown, 1997; Graczgk et *al.*, 1999; 2000 ; Fisher et *al.*, 2001).

Nos résultats fournissent des données quantitatives sur le pouvoir de transport bactérien des mouches domestiques et des blattes américaines capturées dans les six quartiers de Tanger.

D'une manière générale, on a noté que les concentrations des bactéries isolées ne sont pas les mêmes ni entre les différents quartiers ni même entre les deux espèces d'insectes.

Selon nos résultats, on a noté que d'une manière générale, le quartier Banimakada enregistre les plus fortes concentrations de bactéries chez les mouches domestiques et les blattes américaines. Tandis que les faibles nombres de bactéries isolées ont été retrouvés dans les quartiers Val Fleuri, Charf et Place Mozart. Il n'y avait pas de différence significative entre le reste des quartiers (figure 9, figure 10, figure 11 et figure 12). Ces résultats pourraient être expliqués par les conditions d'insalubrité dans le quartier Banimakada (en raison de forte densité de population, type d'habitat et réseau d'assainissement) et aux conditions socio-économiques favorables des quartiers Val Fleuri, Charf et Place Mozart. Les autres quartiers ont relativement les mêmes conditions socio-économiques. Egalement, on constate que ces résultats coïncident bien avec les données statistiques et épidémiologiques des quartiers, évoquées bien en haut (tableaux 1, 4 et 5). De même, on a trouvé dans une étude similaire mais qualitative que les mouches domestiques et les blattes américains capturées dans le quartier Banimakada portent plus de bactéries pathogènes par rapport aux autres quartiers (Bouamama et *al.,* 2007).

Par ailleurs, nos résultats sont en accord avec ceux de Rahuma et ses collaborateurs (2005) qui a analysé les mouches domestiques collectées dans les quartiers de la ville Misurata en Lybie, et les a comparé avec celles capturées dans un hôpital de la même ville. Ils ont montré à travers leurs résultats que les mouches du quartier portent plus de bactéries que celles de l'hôpital. Ils ont expliqué ce résultat par le fait que les conditions hygiéniques de l'hôpital sont meilleures que celles en dehors des hôpitaux, là où il y a manque de services de collecte de déchets.

Cependant, dans l'étude de Fotedar et Banerjee (1992), les mouches domestiques capturées dans l'hôpital portent des charges bactériennes plus élevées (p <0,001) que celles collectées dans une aire résidentielle. Ceci est dû à la forte concentration de bactéries dans l'environnement hospitalier par rapport à celle dans une aire résidentielle.

A la lumière des résultats obtenus, on déduit que la taille, le comportement trophique et le "biotope" des insectes étudiés peuvent augmenter la capacité potentielle de transmission d'agents infectieux par ces deux insectes. D'autre part, *Periplaneta americana* et *Musca domestica* peuvent indiquer les conditions sanitaires et hygiéniques d'un site donné par l'analyse quantitative de ces deux espèces d'insectes. Une analyse qualitative complémentaire de ces deux espèces d'insectes s'est avérée nécessaire pour conclure le rôle de ces insectes comme indicateur biologique d'état d'hygiène d'un quartier donné.

CHAPITRE II

Identification des bactéries isolées des Blattes américaines et des mouches domestiques capturées dans les 6 quartiers étudiés

Chapitre II : Identification des bactéries isolées des Blattes américaines et des mouches domestiques capturées dans les 6 quartiers étudiés

I.   Matériel et méthodes.. 98

   I.1 Staphylocoques.. 98

      I.1.1 *Staphylococcus aureus*.. 98

         a.   Test de la Catalase... 98

         b.   Test de la Staphylocoagulase... 99

         c.   Test de la Thermonucléase.. 99

         d.   Recherche du RF et de la protéine A....................................... 100

         e.   Galerie d'identification API Staph... 100

      I.1.2 Staphylocoques à coagulase négative (SCN) 101

   I.2 Entérocoques.. 101

   I.3 Entérobactéries.. 103

      I.3.1 Entérobactéries non pathogènes.. 103

         a.   Test oxydase.. 103

         b.   Test Uréase-Indole.. 103

         c.   Test Lactose-Glucose-H_2S (milieu Kligler-Hajna) 104

         d.   Test à l'ONPG... 105

         e.   Assimilation du citrate.. 105

         f.   Mannitol-Mobilité.. 105

         g.   Galerie d'identification **API 20E** 106

      I.3.2 Entérobactéries pathogènes... 106

         a.   Pré-enrichissement.. 106

         b.   Enrichissement.. 106

         c.   Isolement... 107

         d.   Identification.. 107

II.   Résultats.. 109

   II.1 Staphylocoques... 109

         a.   Staphylocoques isolés de deux espèces d'insectes.................. 109

         b.   Staphylocoques isolés dans les six quartiers étudiés............... 110

         c.   Synthèse des résultats.. 110

   II.2 Entérocoques.. 111

     a.   Entérocoques isolés de deux espèces d'insectes……………………………… 111

     b.   Entérocoques isolés de six quartiers étudiés…………………………………….. 111

     c.   Synthèse des résultats…………………………………………………………… 112

    II.3 Bacilles Gram-négatif………………………………………………………… 113

     a.   Bacilles Gram-négatif isolées de deux espèces d'insectes……………………. 113

     b.   Bacilles Gram-négatif isolées de six quartiers étudiés……………………….... 114

     c.   Synthèse des résultats…………………………………………………………… 117

    II.4 Synthèse des résultats……………………………………………………….. 119

III.   Discussion et conclusions……………………………………………………….. 121

I. Matériel et méthodes

Au moment de dénombrement et d'isolement des Entérobactéries et des Staphylocoques dans la partie précédente, on a gardé ces mêmes solutions de lavages d'insectes de chaque quartier, pour rechercher et isoler aussi les Entérocoques et les Entérobactéries pathogènes (*Salmonelles* et *Shigelles*). Les bactéries qui nous ont intéressées dans cette recherche sont : les Staphylocoques, les Entérocoques, et les Entérobactéries pathogènes et non pathogènes. On a suivi les technique de (Collee et *al.,* 1996 ; Murray , 1999) pour l'identification de nos souches bactériennes isolées.

I.1 Staphylocoques

Les staphylocoques isolés et conservés dans la gélose de conservation ont été réactivés sur la gélose nutritive puis repiqués sur le milieu Baird-Parker, afin d'identifier les *Staphylococcus aureus* présomptifs.

Les différentes souches de Staphylocoques obtenues ont également subi la coloration Gram, considérée comme une étape primordiale dans l'identification des souches bactériennes (Figure 13).

I.1.1 *Staphylococcus aureus*

Après l'ensemencement de la gélose Baird-Parker, les boîtes sont incubées à 37°C pendant 24h. Les souches de *Staphylococcus aureus* forment des colonies noires et produisent sur ce milieu opaque un halo clair autour de la colonie qui correspond à une zone de protéolyse (éclaircissement du jaune d'œuf), et des zones opaques qui apparaissent plus tardivement dans le halo clair, dues à l'action des lipases.

Les colonies caractéristiques du *S. aureus* isolées sur le milieu Baird-Parker ont subi les tests suivants pour la confirmation de leur identité.

a. Test de la Catalase

Les Staphylocoques sont caractérisés par la présence d'une catalase. Ce test nous permet de trancher entre les Staphylocoques et les Microcoques.

Dans ce test, on prélève une partie de la colonie à l'aide d'une pipette pasteur, puis on la dépose sur une lame contenant une goutte de la solution d'eau oxygénée à 3%. Le dégagement immédiat des bulles d'oxygène exprime la présence d'une catalase.

b. Test de la Staphylocoagulase

Ce test permet la recherche de la coagulase libre capable *in vitro* de coaguler le plasma du lapin. Sa mise en évidence est considérée comme un critère d'identification de l'espèce *S. aureus*.

En premier lieu, on a ensemencé nos souches de Staphylocoques sur le bouillon BHI, et les a incubé à 37°C pendant 18h. Le lendemain, on prélève aseptiquement un volume de 0.5 ml de cette culture en bouillon et l'on a ajouté à 0.5 ml de plasma du lapin. Le mélange est porté à l'étuve à 37°C durant 24h. Ainsi, les souches de *S. aureus* provoquent la coagulation du plasma en un temps variant d'une demi-heure à 24h.

On a utilisé dans ce test un kit de plasma de lapin qui contient le plasma lyophilisé accompagné de son solvant, selon les instructions du fabriquant (BIO-RAD, France).

c. Test de la Thermonucléase

Les souches de l'espèce *S. aureus* se caractérisent par la présence d'une enzyme appelée DNAse. Cette enzyme est responsable de la dégradation des acides désoxyribonucléiques avec libération des nucléotides. Elle se particularise par sa résistance à la chaleur, et reste active même après un chauffage de 15 min à 100°C.

Le test se réalise en boîte de Petri contenant un milieu avec ADN et le bleu de toluidine.

Comme dans le test coagulase, on prépare d'abord une culture de 24h en bouillon cœur-cervelle du staphylocoque à étudier, on la chauffe 15 min à 100°C et on laisse refroidir. Ensuite, on remplit des puits creusés dans la gélose à ADN avec le bouillon et on incube 4h au minimum à 37°C. On réalise en parallèle un puits témoin rempli de bouillon stérile.

Après l'incubation des boîtes, la libération des polynucléotides résultant de l'hydrolyse de l'ADN, contenu dans la gélose, s'exprime par l'apparition d'une teinte rose autour des puits. Ceci se traduit par la présence d'une Thermonucléase (DNAse) chez la souche de staphylocoque étudiée.

d. Recherche du RF et de la protéine A

Ce test permet la mise en évidence des constituants spécifiques de l'espèce *S. aureus* qui sont présents à la surface des bactéries. Ces composants sont le récepteur de fibrinogène (RF) et/ou la protéine A. Il se base sur une réaction d'agglutination entre la souche staphylocoque cultivée sur la gélose et des particules sensibilisées. Ces dernières portent une structure complémentaire du constituant recherché. En présence des bactéries porteuses de ce constituant, elles forment des agglutinats visibles à l'œil nu. Les particules utilisées sont des particules de latex sensibilisées par le fibrinogène pour mettre en évidence le RF et par des IgG humaines pour la mise en évidence de la protéine A.

Dans notre cas, on a utilisé la trousse *Servitex Staphylocoque* (SERVIBIO, France) pour la recherche simultanée de ces deux constituants.

Sur une carte à usage unique fournie avec la trousse, on dépose dans la première alvéole une goutte de réactif test constitué de particules sensibilisées, et sur le second, une goutte de réactif humain constitué des mêmes particules non sensibilisées. On prélève une colonie à tester et on la met en suspension dans chacune des deux gouttes. On agite d'un mouvement de lente rotation pendant 1 min., on note une agglutination nette des particules tests, alors que la suspension témoin reste homogène. Ceci indique que le staphylocoque étudié possède le récepteur du fibrinogène RF et la protéine A ; donc il s'agit d'une souche de *S. aureus*.

e. Galerie d'identification API Staph

C'est un système standardisé d'identification des genres *Staphylococcus*, *Micrococcus* et *Kocuria* comprenant des tests biochimiques miniaturisés et une base de données.

La galerie API Staph comporte 20 microtubes contenant des substrats déshydratés. Les microtubes sont inoculés avec la suspension bactérienne à identifier.

Les réactions produites pendant la période d'incubation se traduisent par des virages colorés spontanés ou révélés par l'addition de réactifs.

La lecture de ces réactions se fait à l'aide d'un tableau de lecture, l'identification est obtenue grâce à un logiciel d'identification.

Ainsi, on réalise une pré-culture de la souche staphylocoque à identifier sur la gélose nutritive pendant 18-24h à 37°C. Ensuite, on prépare à partir de cette culture et de l'API Staph Medium, une suspension bactérienne homogène d'opacité égale à 0.5 de McFarland. A l'aide d'une pipette pasteur, on inocule les tubes de la galerie avec la suspension préparée. On suit les instructions du fabricateur (BioMérieux, France) et on incube les galeries à 37°C pendant 24-48h. La lecture des tests se fait directement ou après l'ajout des réactifs.

I.1.2 Staphylocoques à coagulase négative (SCN)

Les souches de Staphylocoques à coagulase négatif, vont subir elles même le test de la catalase et de la coagulase et enfin on confirme l'identification de ces souches par le système d'identification API Staph (BioMérieux, France) (Figure 13).

I.2 Entérocoques

Pour rechercher et isoler les Entérocoques des insectes, on a ensemencé la gélose Bile-Esculine par les solutions de lavage d'insectes de chaque quartier. Ensuite, on a incubé les boîtes à 44 °C durant 48 heures. Les colonies des Entérocoques sont typiquement de petites colonies, translucides ou pigmentées, avec un halo noir très net.

La recherche de la catalase est nécessaire pour éliminer certaines souches de staphylocoques capables de se développer sur le milieu utilisé (les Entérocoques sont dépourvus de la catalase). Enfin, l'identification des espèces d'Entérocoques est réalisée par ensemencent des galeries API 20 Strept (BioMérieux, France) (Figure 13).

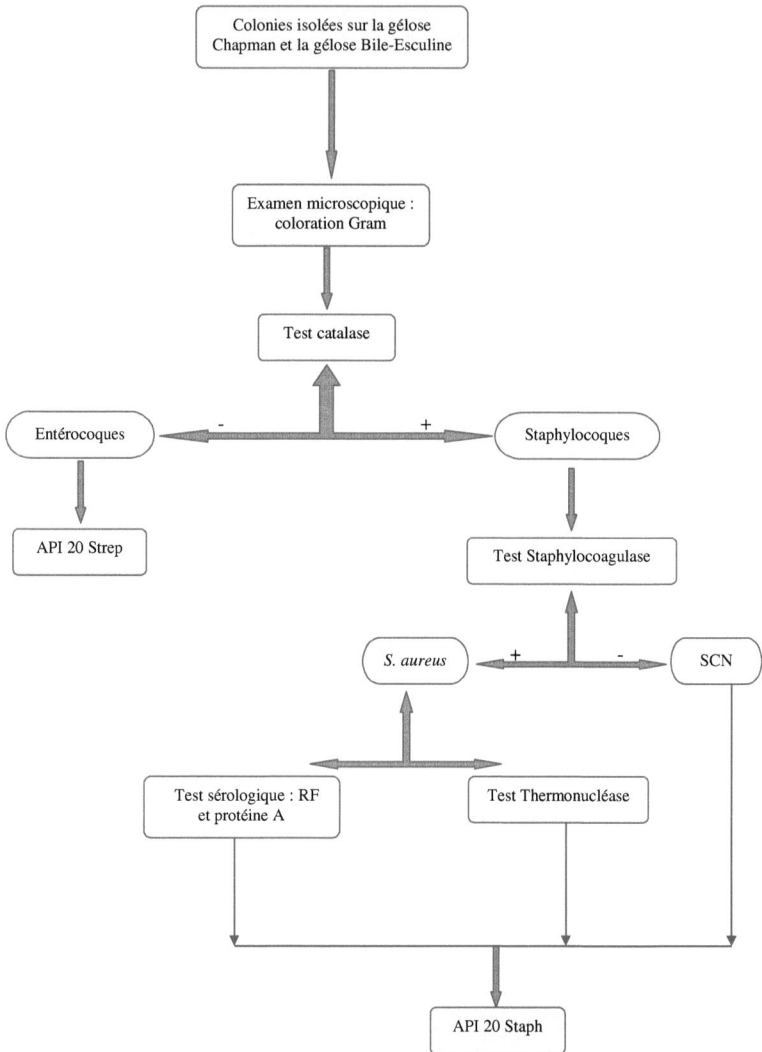

Figure 13 : Clés d'identification des Entérocoques et des Staphylocoques.

I.3 Entérobactéries

I.3.1 Entérobactéries non pathogènes

Les Entérobactéries isolées et conservés dans la gélose de conservation ont été réactivées sur la gélose nutritive. Ensuite, les différents isolats ont subi en premier lieu les tests de la galerie classique d'identification biochimiques des genres et des espèces d'Entérobactéries et enfin une confirmation de l'espèce est réalisée en ensemençant les galeries API 20E et API 20NE (Figure 14).

Les caractères d'identification sont essentiellement "biochimiques" et utilisent des tests qui étudient le métabolisme protéique (présence d'uréase, production d'indole, …) ou la fermentation des sucres (glucose, lactose, saccharose etc..), la capacité d'utiliser le citrate, la présence d'enzymes (décarboxylases, désaminases), la production d'hydrogène sulfuré ou la formation de gaz.

a) Test oxydase

Ce test permet la mise en évidence d'une enzyme ; la phénylène diamine oxydase des bactéries à partir de leur culture en milieu gélosé. Cette enzyme est capable d'oxyder le N-diméthyl paraphénylène diamine. Pour réaliser ce test, on utilise des disques d'oxydase qui sont imprégnés d'oxalate de paraphénylène-diamine 1%. L'ensemencement des disques se fait de la manière suivante : sur une lame bien propre, on imbibe les disques avec l'eau distillée stérile puis on les ensemence avec une partie de la colonie à tester. Le test est positif, lorsqu'une couleur violette apparaît endéans de 10 secondes.

b) Test Uréase-Indole

Ce test permet à la fois la recherche de l'Uréase et d'indole en utilisant le milieu Urée-Indole. L'Uréase est une enzyme responsable de l'hydrolyse de l'urée, entrainant sa transformation en carbonate d'ammonium.

$$\text{Urée} + H_2O \longrightarrow \text{Carbonate d'ammonium}$$

Ce carbonate d'ammonium alcalinise le milieu dans lequel il se forme. La recherche de l'Uréase consiste donc à mettre en évidence l'alcalinisation d'un milieu contenant de l'urée, grâce à un indicateur coloré de pH.

Certaines espèces bactériennes dégradent le tryptophane en Indole grâce à une tryptophanase. Ces bactéries sont dites indinogènes.

$$\text{Tryptophane} \xrightarrow{\text{Tryptophanase}} \text{Indole + acide pyruvique + ammoniac}$$

L'Indole formé est mis en évidence grâce à un réactif développant une réaction colorée.

Pour réaliser le test on a besoin de 0.5ml du milieu Urée-Indole sur lequel on ajoute une colonie de la souche et on incube à 37 °C durant 24 h.

Le virage du milieu du jaune au rouge violacé traduit une forte alcalinisation donc l'hydrolyse de l'urée (la souche testée possède l'Uréase).

Après la lecture du test Uréase, on ajoute 2 à 3 gouttes du réactif de Kovacs dans le tube de l'urée-indole ensemencé. L'apparition d'un anneau rouge à la partie supérieure du milieu traduit la présence de l'Indole chez la souche étudiée.

c) Test Lactose-Glucose-H$_2$S (milieu Kligler-Hajna)

Le milieu Kligler contient 2 sucres (le lactose et le glucose), un indicateur de pH (rouge de phénol) et deux révélateurs d'H$_2$S (citrate ferrique et thiosulfate de sodium). Le test Lactose-Glucose-H$_2$S se réalise dans des tubes contenant le milieu incliné avec un culot et une pente.

Avec notre souche d'Entérobactéries, on ensemence le culot par piqûre centrale et la pente par des stries serrées et parallèles. L'incubation est réalisée à 37°C en maintenant la vis du tube débloquée.

En 24 heures, ce milieu permet de lire 4 caractères :

- La fermentation du glucose seul se traduit par une accumulation d'acides visibles grâce au virage de l'indicateur au niveau du culot ;
- La fermentation du lactose se traduit par une acidification visible dans tout le tube (culot et pente) ;

- S'il y a production de gaz au cours de la fermentation, on retrouve des bulles emprisonnées dans la gélose ou une poche gazeuse qui décolle complètement le milieu du fond du tube ou qui le fragmente ;
- La production d' H_2S qui se manifeste par un noircissement du milieu.

d) Test à l'ONPG

L'orthonitrophényl β galactoside ou ONPG est hydrolysé, comme le lactose, par la β galactosidase en libérant du galactose et de l'orthonitrophénol de couleur jaune.

ONPG $\xrightarrow{\text{β galactosidase}}$ orthonitrophénol (substance jaune) + galactose

A partir des souches lactose-négatif, on prépare une suspension épaisse de bactéries dans 0.25ml d'eau distillée. On ajoute ensuite un disque ONPG (OXOID), et on incube au bain-marie à 37°C pendant 30 min jusqu'à 24 heures.

La présence d'une β galactosidase se traduit par la libération de nitrophénol de couleur jaune.

e) Assimilation du citrate

On utilise le milieu au citrate de Simmons pour étudier l'assimilation de citrate de sodium comme seule source de carbone. Le milieu contient le citrate de sodium comme seule source de carbone et le bleu de bromothymol comme indicateur coloré de pH.

L'ensemencement de ce milieu se fait à partir d'une culture sur milieu solide en évitant d'entrainer les traces de ce dernier. On incube à 37°C pendant 1 à 10 jours.

Seuls les isolats capables d'utiliser le citrate de sodium comme unique source de carbone cultivent sur ce milieu. La dégradation du citrate s'accompagne d'une alcalinisation du milieu ; celle-ci se lit par le virage de l'indicateur coloré à sa teinte basique bleue.

f) Mannitol-Mobilité

Il s'agit de rechercher simultanément la mobilité et l'utilisation du mannitol grâce à un milieu semi-solide. Son ensemencement se fait par piqûre centrale jusqu'au fond du tube. Les tubes s'incubent à 37°C pendant 18 à 24 heures.

Lorsque le mannitol est fermenté, le milieu vire au jaune. Les bacilles mobiles diffusent à partir de la ligne d'ensemencement en créant un trouble du milieu.

g) Galerie d'identification **API 20E**

Parfois l'utilisation des galeries traditionnelles classiques n'est pas suffisante pour identifier l'espèce d'Entérobactéries, d'où l'utilisation du système d'identification API 20E. Ce système API 20E a le même principe et s'ensemencent avec la souche d'Entérobactérie à identifier, de la même manière que les galeries API Staph ou API Strept.

I.3.2 Entérobactéries pathogènes

La recherche des Entérobactéries pathogènes plus particulièrement des *Salmonelles*, a été réalisée en 4 étapes selon la norme ISO 6579 : pré-enrichissement, enrichissement, isolement et identification (Figure 14).

a. Pré-enrichissement

Il s'agit d'ensemencer l'échantillon à analyser dans un milieu liquide non inhibiteur afin de favoriser la récupération et la croissance de salmonelles soumises à un stress ou endommagées par des facteurs physiques comme l'exposition à la chaleur, la déshydratation, ou d'importantes fluctuations de température.

On a ajouté à 1ml de la solution de lavage d'insectes bien mélangée, 9ml de la solution d'eau peptonée tamponnée. Puis, on a incubé à 37°C pendant 20 heures. Ceci permet aux *Salmonelles* (éventuellement présentes) de se multiplier en abondance.

b. Enrichissement

Il consiste à ensemencer à partir de la culture de pré-enrichissement un bouillon d'enrichissement afin de favoriser le développement des *Salmonelles* tout en retardant ou en inhibant celui de microorganismes qui leur font concurrence.

Dans cette étape, on a transféré 1 ml du milieu de la culture de pré-enrichissement dans 6 ml de bouillon de Rappaport Vassiliadis. Les bouillons sont ensuite incubés à l'étuve à 42°C pendant un temps de 18 à 24 heures. La sélectivité du bouillon et la température d'incubation relativement élevée entraînent l'élimination d'une grande partie de la flore d'accompagnement et favorisent la croissance des salmonelles.

c. Isolement

On a réalise l'isolement sur le milieu Hektoen ; un milieu d'isolement des *Salmonelles* et des *Shigelles*. Il est ensemencé par la technique de stries d'épuisement à partir du même bouillon d'enrichissement et mis en incubation à l'étuve à 37°C.

Après 24 heures d'incubation, les colonies isolées sur la gélose sont repiquées sur la gélose MacConkey pour être soumises à une identification ultérieure (celles de *Salmonelles* apparaissent verdâtres ou bleuâtres à centre noir sur Hektoen).

d. Identification

Les isolats sont identifiés en fonction de leurs réactions biochimiques déterminantes. On a procédé aux différents tests biochimiques réalisés dans le cas précédent des Entérobactéries non pathogènes. Enfin on a confirmé l'identification des isolats d'Entérobactéries pathogènes par l'ensemencement des galeries API 20 E.

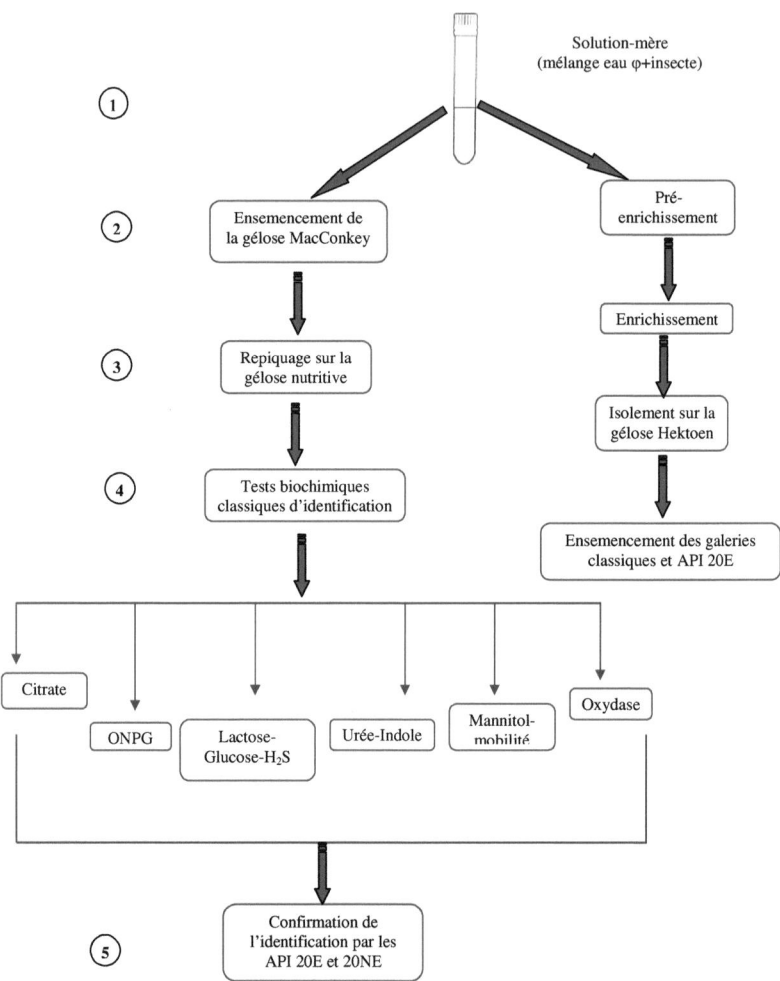

Figure 14 : Clés d'identification des principaux genres des Entérobactéries isolées des insectes.

II. Résultats

II.1 Staphylocoques

a. Staphylocoques isolés de deux espèces d'insectes

D'après la littérature, les Staphylocoques, les Entérocoques et les Entérobactéries comptent parmi les principaux groupes de bactéries impliquées dans les maladies transmises par les deux espèces d'insectes vecteurs passifs de nombreux agents pathogènes : *Periplaneta americana* et *Musca domestica*.

Rappelons que l'objectif de cette étude était de définir le profil microbiologique des blattes américaines et des mouches domestiques dans les six quartiers de notre ville à travers l'identification des souches bactériennes isolées du corps d'insectes capturés.

Ainsi on définit les espèces pathogènes ou potentiellement pathogènes chez chacune des deux espèces d'insectes étudiées et dans chacun des quartiers sélectionnés. Par conséquent, on pourra qualifier la contamination de chaque site via l'analyse de ces résultats.

A partir d'un total de 38 souches de Staphylocoques isolées, on a trouvé 23 souches (60.5%) chez *Musca domestica* et 15 souches (39.5%) chez *Periplaneta americana*.

On constate la prédominance de *S. lentus* et de *S. xylosus* chez *Musca domestica*. Les souches de *S. aureus* se rencontrent en nombres presque égaux chez *Musca domestica* et chez *Periplaneta americana*. En outre, on n'a pas pu isoler aucune *S. sciuri* ni *S. schleiferi* chez les blattes américaines, alors qu'elles sont présentes en nombre très faible chez les mouches domestiques (tableau 6).

Tableau 6 : Répartition des Staphylocoques selon l'insecte

Bactérie	Insecte	
	Musca domestica	*Periplaneta americana*
S. aureus	8	9
S. lentus	5	3
S. schleiferi	1	0
S. sciuri	2	0
S. xylosus	7	3
Total	**23**	**15**

b. Staphylocoques isolés dans les six quartiers étudiés

Parmi les 38 souches de Staphylocoques isolées dans les quartiers choisis, on a trouvé 12 (31.6%) dans le quartier Bendiban, 10 (26.3%) dans le quartier Charf, 6 (15.8%) dans les quartiers Place Mozart et Val fleuri, et 2 (5.25%) dans les quartiers Banimakada et Castilla.

On remarque aussi que le quartier Bendiban héberge plus de Staphylocoques par rapport aux autres quartiers.

Les souches de *S. aureus* prédominent dans tous les quartiers. Par contre, les espèces *S. schleiferi* et *S. sciuri* sont absentes dans la plupart des quartiers étudiés (Tableau 7).

Tableau 7 : Répartition des Staphylocoques selon le quartier

Bactérie	Quartiers						Total
	BD	BM	CA	CF	PM	VAL	
S. aureus	6	1	1	3	4	2	**17**
S. lentus	3	0	1	2	1	1	**8**
S. schleiferi	1	0	0	0	0	0	**1**
S. sciuri	0	0	0	1	0	1	**3**
S. xylosus	2	1	0	4	1	2	**10**
Total	**12**	**2**	**2**	**10**	**6**	**6**	**38**

Abréviations: BD: Bendiban; BM: Banimakada; CA: Castilla; CF: Charf; PM: Place Mozart; VAL: Val fleuri.

c. Synthèse des résultats

Cinq espèces de Staphylocoques ont été isolées des deux insectes et dans les six quartiers de Tanger. On retrouve 17 (44.7%) *S. aureus*, 10 (26.3%) *S. xylosus*, 8 (21.1%) *S. lentus*, 2 (5.3%) *S. sciuri* et 1 (2.6%) *S. schleiferi*.

D'une manière générale, *S. aureus* et *S. xylosus* sont les plus fréquemment isolées, alors que *S. schleiferi* est rarement rencontré dans cette étude (Tableau 8).

Tableau 8 : Répartition des Staphylocoques selon l'insecte et le quartier

| | **Musca domestica** | | | | | | | **Periplaneta americana** | | | | | | |
| | Quartiers | | | | | | | Quartiers | | | | | | |
Bactérie	BD	BM	CA	CF	PM	VAL	**Total**	BD	BM	CA	CF	PM	VAL	**Total**
S. aureus	1	0	1	3	3	0	**8**	5	1	0	0	1	2	**9**
S. lentus	1	0	1	2	0	1	**5**	2	0	0	0	1	0	**3**
S. schleiferi	1	0	0	0	0	0	**1**	0	0	0	0	0	0	**0**
S. sciuri	0	0	0	1	0	1	**2**	0	0	0	0	0	0	**0**
S. xylosus	1	0	0	4	1	1	**7**	1	1	0	0	0	1	**3**
Total	**4**	**0**	**2**	**10**	**4**	**3**	**23**	**8**	**2**	**0**	**0**	**2**	**3**	**15**

Abréviations: BD: Bendiban; BM: Banimakada; CA: Castilla; CF: Charf; PM: Place Mozart; VAL: Val fleuri.

II.2 Entérocoques

a. Entérocoques isolés de deux espèces d'insectes

D'après le Tableau 9, 29 souches d'Entérocoques ont été isolées, parmi lesquelles 16 (55.2%) chez les blattes américaines et 13 (44.8%) se retrouvent chez les mouches domestiques. *Enterococcus faecium* est l'espèce la plus fréquemment isolée aussi bien des blattes américaines que des mouches domestiques. Les autres espèces d'Entérocoques se trouvent en proportion faibles chez les deux espèces d'insectes.

Tableau 9 : Répartition des Entérocoques selon l'insecte

| | **Insecte** | |
Bactérie	*Musca domestica*	*Periplaneta americana*
Enterococcus avium	0	1
Enterococcus casseliflavus	2	1
Enterococcus durans/hirae	3	2
Enterococcus faecalis	3	1
Enterococcus faecium	5	11
Total	**13**	**16**

b. Entérocoques isolés de six quartiers étudiés

Selon le Tableau 10, 7 (24.1%) souches d'Entérocoques sont enregistrées dans les quartiers Banimakada et Place Mozart, 6 (20.7%) dans Bendiban, 4 (13.8%) dans les quartiers Castilla et Charf, et 1 (3.5%) dans le quartier Val fleuri. On note aussi que les quartiers Banimakada et Place Mozart portent plus d'Entérocoques par rapport au reste des sites étudiés.

E. faecium est présente dans la majorité des quartiers, alors que *E. avium* est absente dans les cinq quartiers étudiés, et se limite seulement au quartier Place Mozart.

Tableau 10 : Répartition des Entérocoques selon le quartier

Bactérie	Quartiers						Total
	BD	**BM**	**CA**	**CF**	**PM**	**VAL**	
E. avium	0	0	0	0	1	0	**1**
E. casseliflavus	1	0	0	1	1	0	**3**
E. durans/hirae	2	1	1	0	0	1	**5**
E. faecalis	0	0	1	1	2	0	**4**
E. faecium	3	6	2	2	3	0	**16**
Total	**6**	**7**	**4**	**4**	**7**	**1**	**29**

Abréviations: BD : Bendiban; BM: Banimakada; CA: Castilla; CF: Charf; PM: Place Mozart; VAL: Val fleuri.

c. Synthèse des résultats

On a pu isoler cinq espèces d'Entérocoques dans cette étude. Parmi lesquelles 16 *E. faecium* (55.2%), 5 (17.2%) *E. durans/hirae*, 4 (13.8%) *E. faecalis*, 3 (10.3%) *E. casseliflavus* et 1 (3.5%) *E. avium*. De ce fait, l'espèce *E. faecium* prédomine chez les insectes et dans les quartiers étudiés, tandis que *E. avium* est l'espèce la plus rarement isolée (tableau 11).

Tableau 11 : Répartition des Entérocoques selon l'insecte et le quartier

Bactérie	*Musca domestica*						Total	*Periplaneta americana*						Total
	Quartiers							Quartiers						
	BD	BM	CA	CF	PM	VAL		BD	BM	CA	CF	PM	VAL	
E. avium	0	0	0	0	0	0	**0**	0	0	0	0	1	0	**1**
E. casseliflavus	0	0	0	1	1	0	**2**	1	0	0	0	0	0	**1**
E. durans/hirae	1	1	1	0	0	0	**3**	1	0	0	0	0	1	**2**
E. faecalis	0	0	0	1	2	0	**3**	0	0	1	0	0	0	**1**
E. faecium	0	0	1	2	2	0	**5**	3	6	1	0	1	0	**11**
Total	**1**	**1**	**2**	**4**	**5**	**0**	**13**	**5**	**6**	**2**	**0**	**2**	**1**	**16**

Abréviations: BD: Bendiban; BM: Banimakada; CA: Castilla; CF: Charf; PM: Place Mozart; VAL: Val fleuri.

II.3 Bacilles Gram-négatif

a. Bacilles Gram-négatif isolées de deux espèces d'insectes

L'analyse des blattes américaines et des mouches domestiques nous a permis d'isoler 184 bacilles Gram-négatif ; parmi lesquels, 95 (51.6%) ont été retrouvés chez *Periplaneta americana* et 89 (48.4%) autres bacilles Gram-négatif chez *Musca domestica*.

Escherichia coli est présente en grand nombre chez les deux espèces d'insectes. Douze *Proteus mirabilis* ont été isolés des mouches domestiques, et aucune n'est retrouvée chez les blattes américaines.

Les espèces de *Klebsiella* et d'*Enterobacter* prédominent chez les blattes américaines. *Alcaligenes* sp. et *Morganella morganii*, deux espèces pathogènes rarement isolées, ont été retrouvées uniquement chez *Musca domestica* (tableau 12).

Tableau 12 : Répartition des Entérobactéries selon l'insecte

Bactérie	Insecte	
	Musca domestica	*Periplaneta americana*
Acinetobacter lwoffi	1	3
Alcaligenes spp	2	0
Citrobacter koseri/amalonaticus	0	2
Citrobacter youngae	0	1
Enterobacter aerogenes	1	4
Enterobacter amnigenus	1	0
Enterobacter cloacae	5	6
Enterobacter sakazakii	0	4
Escherichia coli	26	19
Klebsiella ornithinolytica	5	4
Klebsiella oxytoca	2	9
Klebsiella pneumoniae ssp pneumoniae	5	11
Klebsiella terrigena	1	0
Leclercia adecarboxylata	1	0
Moellerella wisconsensis	1	0
Morganella morganii	2	0
Pasteurella raemolytica	0	1
Pasteurella spp	0	1
Proteus mirabilis	12	0
Proteus penneri	1	1
Proteus vulgaris	1	2
Providencia alcalifaciens	4	2
Providencia rettgeri	7	5
Providencia stuartii	2	4
Salmonella arizonae	0	2
Salmonella spp	3	3
Serratia liquefaciens	1	1
Serratia marcescens	3	5
Serratia odorifera	0	1
Shigella dysenteriae	2	2
Yersinia enterocolitica	0	2
Total	**89**	**95**

b. Bacilles Gram-négatif isolées de six quartiers étudiés

Parmi les 184 bacilles Gram-négatif isolés dans l'ensemble, on a rencontré 43 (23.4%) dans le quartier Banimakada, 37 (20.1%) dans le quartier Place Mozart, 35 (19%) dans celui du Charf, 34 (18.5%) dans Bendiban, 21 (11.4%) dans Val fleuri et 14 (7.6) dans le quartier Castilla. Le quartier Banimakada regroupe la majorité des Bacilles

Gram-négatif, tandis que ces bactéries sont présentes en faible nombre dans le quartier Castilla.

     E. coli est présente dans tous les quartiers. *Klebsiella pneumoniae* sp *pneumoniae* et *Providencia rettgeri* sont également présentes dans presque tous les quartiers (tableau 13).

Tableau 13 : Répartition des Entérobactéries selon le quartier

Bactérie	Quartiers						Total
	BD	BM	CA	CF	PM	VAL	
Acinetobacter lwoffi	2	2	0	0	0	0	**4**
Alcaligenes spp	0	0	1	0	1	0	**2**
Citrobacter koseri/amalonaticus	0	0	0	0	0	2	**2**
Citrobacter youngae	1	0	0	0	0	0	**1**
Enterobacter aerogenes	1	2	0	0	2	0	**5**
Enterobacter amnigenus	0	0	0	0	1	0	**1**
Enterobacter cloacae	0	1	3	2	3	2	**11**
Enterobacter sakazakii	4	0	0	0	0	0	**4**
Escherichia coli	7	4	3	14	15	2	**45**
Klebsiella ornithinolytica	1	2	0	2	2	2	**9**
Klebsiella oxytoca	1	6	3	1	0	0	**11**
Klebsiella pneumoniae ssp pneumoniae	5	3	0	2	4	2	**16**
Klebsiella terrigena	0	1	0	0	0	0	**1**
Leclercia adecarboxylata	0	0	0	0	0	1	**1**
Moellerella wisconsensis	0	0	0	1	0	0	**1**
Morganella morganii	0	1	0	1	0	0	**2**
Pasteurella raemolytica	0	0	0	1	0	0	**1**
Pasteurella spp	1	0	0	0	0	0	**1**
Proteus mirabilis	1	8	0	1	2	0	**12**
Proteus penneri	0	1	0	0	0	1	**2**
Proteus vulgaris	0	1	0	0	2	0	**3**
Providencia alcalifaciens	0	1	1	1	3	0	**6**
Providencia rettgeri	2	5	1	1	0	3	**12**
Providencia stuartii	1	2	1	0	0	2	**6**
Salmonella arizonae	0	0	0	1	1	0	**2**
Salmonella spp	2	1	0	3	0	0	**6**
Serratia liquefaciens	0	0	0	1	0	1	**2**
Serratia marcescens	3	0	1	2	0	2	**8**
Serratia odorifera	1	0	0	0	0	0	**1**
Shigella dysenteriae	1	1	0	1	0	1	**4**
Yersinia enterocolitica	0	1	0	0	1	0	**2**
Total	**34**	**43**	**14**	**35**	**37**	**21**	**184**

Abréviations: BD: Bendiban; BM: Banimakada; CA: Castilla; CF: Charf; PM: Place Mozart; VAL: Val fleuri.

c. Synthèse des résultats

Seize genres de bacilles Gram-négatif ont été isolés des insectes et dans les six quartiers de Tanger. On rencontre *Escherichia coli* (24,5%), *Klebsiella* sp. (20,1%); *Providencia* sp. (13%); *Enterobacter* sp. (11,4%), *Proteus* sp. (9,2%), *Serratia* sp. (6%), *Salmonella* sp. (4,4%); *Shigella dysenteriae* (2,2%); *Acinetobacter lwoffi* (2,2%); *Citrobacter* sp. (1,6%); *Alcaligenes* sp. (1,1%); *Morganella morganii* (1,1%); *Yersinia enterocolitica* (1,1%); *Pasteurella* sp. (1,1%); *Leclercia adecarboxylata* (0,5%) et *Moellerella wisconsensis* (0,5%).

De la sorte, *Escherichia coli*, *Klebsiella* sp. et *Providencia* sp. prédominent chez les deux espèces d'insectes et dans tous les quartiers. Toutefois, *Leclercia adecarboxylata* et *Moellerella wisconsensis* sont très rarement isolées (tableau 14).

Chapitre II : Identification des bactéries isolées des Blattes américaines et des mouches domestiques capturées dans les 6 quartiers étudiés

Tableau 14 : Répartition des Entérobactéries selon l'insecte et le quartier

Bactérie	Musca domestica							Periplaneta americana						
	Quartiers							Quartiers						
	BD	BM	CA	CF	PM	VAL	Total	BD	BM	CA	CF	PM	VAL	Total
Acinetobacter lwoffi	0	1	0	0	0	0	1	2	0	1	0	0	0	3
Alcaligenes spp	0	0	1	1	0	0	2	0	0	0	0	0	0	0
Citrobacter sp.	0	0	0	0	0	0	0	1	0	0	0	0	2	3
Enterobacter sp.	0	0	2	1	3	1	7	5	3	1	1	3	1	14
Escherichia coli	5	3	2	6	9	1	26	2	1	1	8	6	1	19
Klebsiella sp.	1	3	1	2	4	2	13	6	9	2	3	2	2	24
Leclercia adecarboxylata	0	0	0	0	0	1	1	0	0	0	0	0	0	0
Moellerella wisconsensis	0	0	0	0	1	0	1	0	0	0	0	0	0	0
Morganella morganii	0	1	0	1	0	0	2	0	0	0	0	0	0	0
Pasteurella sp.	0	0	0	0	0	0	0	1	0	0	1	0	0	2
Proteus sp.	1	8	0	1	3	1	14	0	2	0	0	1	0	3
Providencia sp.	1	5	1	1	2	3	13	2	3	2	1	1	2	11
Salmonella sp.	0	1	0	2	0	0	3	2	0	0	2	1	0	5
Serratia sp.	0	0	0	2	0	2	4	4	0	0	1	1	1	7
Shigella dysenteriae	0	1	0	1	0	0	2	1	0	0	0	0	1	2
Yersinia enterocolitica	0	0	0	0	0	0	0	0	2	0	0	0	0	2
Total	8	23	7	18	22	11	89	26	20	7	17	15	10	95

Abréviations: BD: Bendiban; BM: Banimakada; CA: Castilla; CF: Charf; PM: Place Mozart; VAL: Val fleuri.

II.4 Synthèse des résultats

Parmi les 251 bactéries isolées à la fois des blattes américaines et des mouches domestiques collectées dans les six quartiers de Tanger, on a trouvé 184 (73,3%) des bacilles Gram-négatif, 38 (15,1%) des Staphylocoques et 29 (11,6%) des Entérocoques.

Un total de 125 bactéries a été isolé de *Musca domestica* et 126 bactéries de *Periplaneta americana* (Tableau 15).

Seize genres de bacilles Gram-négatif ont été isolés des deux espèces d'insectes et sont pathogènes et/ou potentiellement pathogènes, tels *Escherichia coli* (24,5%), *Klebsiella* sp. (20,1%); *Providencia* sp. (13%); *Enterobacter* sp. (11,4%), *Proteus* sp. (9,2%), *Serratia* sp. (6%), *Salmonella* sp. (4,4%); *Shigella dysenteriae* (2,2%); *Acinetobacter lwoffi* (2,2%); *Citrobacter* sp. (1,6%); *Alcaligenes* sp. (1,1%); *Morganella morganii* (1,1%); *Yersinia enterocolitica* (1,1%); *Pasteurella* sp. (1,1%); *Leclercia adecarboxylata* (0,5%) et *Moellerella wisconsensis* (0,5%) (Tableau 15).

On a isolé également des blattes et des mouches, 17 *S. aureus* (44,7%) et 21 *Staphylocoques à coagulase négative* (55,3%).

En outre, on a trouvé 29 souches d'Entérocoques transportées par ces deux espèces d'insectes (55,2% de *E. faecium*, 17,2% de *E. durans/hirae*, 13,8% de *E. faecalis*, 10,4% de *E. casseliflavus* et 3,4% de *E. avium*) (Tableau 15).

Un plus grand nombre de ces bactéries a été trouvé dans les quartiers Banimakada, Bendiban, Charf et Place Mozart. Tandis que le minimum de bactéries a été rencontré chez les insectes du quartier Castilla (Tableau 15).

Les bactéries les plus fréquemment isolées des blattes américaines et des mouches domestiques provenant de tous les quartiers de la ville sont *Escherichia coli*, *Klebsiella* sp. et *Providencia* sp. En outre, *Enterobacter* sp., *Klebsiella* sp. et *Serratia* sp. sont plus fréquentes chez les blattes américaines que chez les mouches domestiques. Toutefois, *Proteus* sp. et *Staphylocoques* à coagulase négative sont des bactéries les plus fréquemment isolées des mouches domestiques. *Citrobacter* sp., *Pasteurella* sp. et *Yersinia enterocolitica* ont été transportées seulement par *Periplaneta americana*, bien que *Morganella morganii* ait été isolée seulement à partir de *Musca domestica* (Tableau 15).

Tableau 15 : Répartition des Entérobactéries, Staphylocoques et Entérocoques isolés de deux espèces d'insecte dans les six quartiers de Tanger

Bactérie	Total	Musca domestica							Periplaneta americana						
		Quartiers						Total	Quartiers						Total
		BD	BM	CA	CF	PM	VAL		BD	BM	CA	CF	PM	VAL	
Acinetobacter lwoffi	4	0	1	0	0	0	0	1	2	1	0	0	0	0	3
Alcaligenes sp.	2	0	0	1	0	1	0	2	0	0	0	0	0	0	0
Citrobacter sp.	3	0	0	0	0	0	0	0	1	0	0	0	0	2	3
Enterobacter sp.	21	0	0	2	1	3	1	7	5	3	1	1	3	1	14
Escherichia coli	45	5	3	2	6	9	1	26	2	1	1	8	6	1	19
Klebsiella sp.	37	1	3	1	2	4	2	13	6	9	2	3	2	2	24
Leclercia adecarboxylata	1	0	0	0	0	0	1	1	0	0	0	0	0	0	0
Moellerella wisconsensis	1	0	0	0	1	0	0	1	0	0	0	0	0	0	0
Morganella morganii	2	0	1	0	1	0	0	2	0	0	0	0	0	0	0
Pasteurella sp.	2	0	0	0	0	0	0	0	1	0	0	1	0	0	2
Proteus sp.	17	1	8	0	1	3	1	14	0	2	0	0	1	0	3
Providencia sp.	24	1	5	1	2	2	3	13	2	3	2	1	1	2	11
Salmonella sp.	8	0	1	0	2	0	0	3	2	0	0	2	1	0	5
Serratia sp.	11	0	0	0	2	0	2	4	4	0	1	0	0	1	7
Shigella dysenteriae	4	0	1	0	1	0	0	2	1	0	0	0	0	1	2
Yersinia enterocolitica	2	0	0	0	0	0	0	0	0	1	0	0	1	0	2
Staphylococcus aureus	17	1	0	1	3	3	0	8	5	1	0	0	1	2	9
Staphylococcus coagulase-negative	21	3	0	1	7	1	3	15	3	1	0	0	1	1	6
Enterococcus sp.	29	1	1	2	4	5	0	13	5	6	2	0	2	1	16
Total	251	13	24	11	32	31	14	125	39	28	9	17	19	14	126

III. Discussion et conclusions

Les blattes américaines et les mouches domestiques, vu leur association intime avec l'Homme, ont été impliquées dans la transmission et la propagation de bactéries pathogènes dans les hôpitaux, les foyers et les zones résidentielles (Rahuma et *al.,* 2005).

Dans des travaux récents, 99.9% des *Periplaneta americana* capturées dans des maisons en Taiwan (Pai et *al.,* 2005), et 100% des *Musca domestica* collectées dans un hôpital, dans un abattoir et dans des quartiers de la ville Misurata en Lybie (Rahuma et *al.,* 2005), ont été trouvés porteurs de bactéries pathogènes ou potentiellement pathogènes.

Dans notre étude, on a isolé 251 bactéries pathogènes ou potentiellement pathogènes de la surface externe de ces deux espèces d'insectes et dans les six quartiers sélectionnés de Tanger. Parmi lesquelles, 73,3% sont des bacilles Gram-négatif et comprenant 16 genres et 31 espèces, 15,1% des Staphylocoques avec 5 espèces, et 11,6% des Entérocoques avec également 5 espèces. Cette richesse bactérienne rencontrée peut être expliquée par le choix diversifié de sites de récolte d'insectes qui a été basé au début sur les caractéristiques socio-économiques de six grands quartiers de Tanger. D'autre part, cette richesse bactérienne reflète clairement le résultat combiné de deux facteurs relié : le comportement trophique et les sites fréquentés par les blattes américaines et les mouches domestiques.

Aussi, on a isolé 125 bactéries de *Musca domestica* et 126 autres de *Periplaneta americana*. De ce fait, aucune différence significative n'est observée quant aux espèces bactériennes isolées de ces insectes. Ceci peut être expliqué par le fait qu'il n'y a pas de différences entre les environnements dans lesquels ces insectes peuvent se mettre en contact (déjections de l'homme et animales, les tas d'ordures, les terrains ouverts de la décharge, etc.). Soulignons que notre étude est la première qui compare le profil microbiologique des blattes américaines avec celui des mouches domestiques.

Néanmoins, les bactéries prédominantes chez les blattes sont *Enterobacter* sp., *Klebsiella* sp. et *Serratia* sp. et chez les mouches sont *Proteus* sp. et les *Staphylocoques* à coagulase négative. Nos résultats sont en accord avec les travaux d'autres chercheurs (Pai et *al.,* 2004; Pai et *al.,* 2005; Rahuma et *al.,* 2005; Boulesteix et *al.,* 2005). Ces derniers ont pu isoler dans leurs études, les espèces bactériennes évoquées précédemment à la fois d'insectes (blattes et mouches) du milieu hospitalier et du milieu résidentiel. Toutefois, les espèces de *Serratia* étaient significativement fréquentes chez les insectes du milieu hospitalier, tandis que les espèces d'*Enterobacter* et de *Klebsiella* étaient retrouvées communément chez les insectes du milieu résidentiel. Ces différences reflètent la variation dans la flore microbienne des microhabitats dans lesquels vivent et se nourrissent les insectes des hôpitaux et des maisons (Le Guyader et *al.,* 1989 ; Elgderi et *al.,* 2006).

On a isolé de *P. americana* et de *M. domestica* les espèces de *Salmonella.* Ce résultat concorde avec ceux de Devi et Murray (1991) ; Orlandella et al, (1994) ; Rahuma et al, (2005), bien que Pai *et al,* (2005) n'ait pas pu isoler des blattes américaines aucune bactérie de ce genre.

E. coli est l'espèce commune chez les blattes et les mouches et dans tous les quartiers ; on l'a isolée dans notre étude avec des proportions considérables par rapport aux autres espèces bactériennes.

Par ailleurs, le profil microbiologique des quartiers n'était pas le même. Ceci peut être expliqué par le fait que les conditions d'hygiène dans les différents sites choisis ne sont pas les mêmes car elles dépendent de plusieurs facteurs notamment la densité de population, l'assainissement, l'urbanisme, le niveau intellectuel, etc.

D'ailleurs, on a trouvé que la plupart des bactéries isolées se concentrent plus particulièrement dans les quartiers Banimakada et Bendiban. Un résultat qui paraît logique puisqu'il s'agit des quartiers défavorisés et sous-équipés à cause d'une forte densité de population, d'un accroissement rapide de nombre de ménages, en plus de l'absence ou de l'état modeste du réseau d'assainissement. De même, ces résultats concordent avec les données statistiques et épidémiologiques des quartiers citées dans les Tableaux 1, 4 et 5). Dans une étude antérieure sur les blattes et les mouches des quartiers de Tanger, on a trouvé un résultat similaire (Bouamama et *al.,* 2007).

Toutefois, un minimum de bactéries a été enregistré dans le quartier Castilla. Ceci est expliqué par le fait que ce quartier bénéficie plus ou moins d'une situation socio-économique relativement favorable comme on l'a déjà mentionné.

Les quartiers Charf et Place Mozart hébergent également une variété d'espèces bactériennes comme pour le cas des quartiers Banimakada et Bendiban.

En conclusion, notre étude et bien d'autres, centrées sur la transmission de bactéries pathogènes ou potentiellement pathogènes pour l'Homme et les animaux, par les mouches domestiques et les blattes américaines de différents milieux, affirment que dans une région où les statistiques épidémiologiques ne sont pas disponibles, les études microbiologiques réalisées sur ses insectes domestiques peuvent fournir d'importantes informations épidémiologiques de la même région (Echeverria et *al.*, 1983 ; Khalil, 1994). Par conséquent, ces deux espèces d'insectes peuvent servir comme outil épidémiologique de surveillance des conditions sanitaires et hygiéniques d'un milieu donné (Fotedar et *al.*, 1982; Fotedar et Banerjee, 1992 ; Sramova et *al.*, 1992).

CHAPITRE III

Etude de la sensibilité des bactéries isolées aux antibiotiques

Chapitre III : Etude de la sensibilité des bactéries isolées aux antibiotiques

I.   Introduction... 126

II. Matériel et Méthodes... 127

     II.1 Staphylocoques... 127

          a. Préparation des souches et des antibiotiques à étudiées........................... 127

          b. Méthode de micro-dilution... 129

     II.2 Entérocoques... 130

     II.3 Entérobactéries.. 131

III. Résultats.. 134

     III.1 Introduction.. 134

     III.2 Staphylocoques.. 134

          a. Sensibilité des Staphylocoques selon l'insecte................................... 134

          b. Sensibilité des Staphylocoques selon le quartier................................. 137

     III.3 Entérocoques.. 137

          a. Sensibilité d'Entérocoques selon l'insecte....................................... 137

          b. Sensibilité d'Entérocoques selon le quartier..................................... 138

     III.4 Bacilles à Gram-négatif.. 139

          a. Sensibilité des bacilles à Gram-négatif selon l'insecte.......................... 139

          b. Sensibilité des bacilles à Gram-négatif selon le quartier........................ 141

IV. Discussion et conclusions.. 142

I. Introduction

L'antibiogramme a pour objectif de déterminer la Concentration Minimale Inhibitrice (**CMI**) d'une souche bactérienne vis-à-vis de divers antibiotiques. Par définition (O.M.S.), la CMI est la plus faible concentration d'antibiotique capable de provoquer une inhibition complète de la croissance d'une bactérie donnée, appréciable à l'œil nu, après une période d'incubation donnée. Il existe deux grandes catégories de méthodes d'antibiogramme : les méthodes de dilution et les méthodes de diffusion (antibiogramme standard).

Les méthodes de dilution sont effectuées en milieu liquide ou en milieu solide. Elles consistent à mettre un inoculum bactérien standardisé au contact de concentrations croissantes d'antibiotiques selon une progression géométrique de raison 2. En milieu liquide, l'inoculum bactérien est distribué dans une série de tubes (méthode de macro-dilution) ou de puits (méthode de micro-dilution) contenant l'antibiotique. Après incubation, la CMI est indiquée par le tube ou le puits qui contient la plus faible concentration d'antibiotique et où aucune croissance n'est visible (Figure15).

Quant aux méthodes de diffusion, elles se basent sur l'utilisation des disques de papier buvard imprégnés d'antibiotiques à tester.

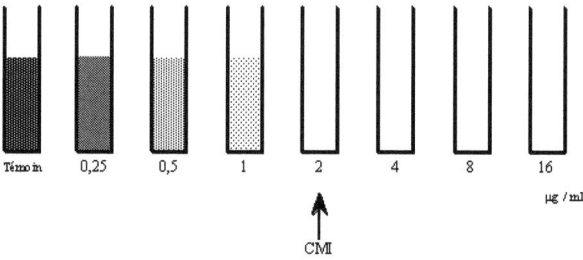

Figure 15 : Méthodes de dilution. La CMI de la souche testée est de 2 µg/ml (premier tube dans lequel aucune croissance n'est visible à l'œil nu) (Abrégé de Bactériologie Générale et Médicale).

II. Matériel et Méthodes

II.1 Staphylocoques

    a. Préparation des souches et des antibiotiques à étudiées

L'étude de la sensibilité de toutes nos souches a été réalisée par la méthode de micro-dilution au département de Microbiologie de la Faculté de Médicine de Grenade (Espagne).

La micro-dilution a été réalisée en bouillon Mueller-Hinton pour étudier la sensibilité des souches de Staphylocoques isolées, aux antibiotiques suivants: Linézolide, Vancomycine, Daptomycine, Pénicilline, Céfazoline, Gentamicine, Erythromycine, Clindamycine, Lévofloxacine, Oxacilline et Cotrimoxazole (Tableau 16).

Le bouillon Mueller-Hinton se prépare, s'autoclave et se garde au réfrigérateur dans des tubes de 10 ml (pH $7,3 \pm 0,1$).

Pour tester la sensibilité des souches à l'Oxacilline, le bouillon Mueller-Hinton doit être à 2% de NaCl, c'est-à-dire 0,34 mol / l (normes NCCLS).

De même pour tester la sensibilité à la Daptomycine, on a besoin du bouillon Mueller-Hinton complété à 50 mg / l de calcium.

Une fois la souche et les antibiotiques à tester sont préparés, il faut établir les concentrations critiques pour définir les catégories cliniques de l'espèce, c'est à dire : sensible (S), intermédiaire (I) ou résistante (R) vis-à-vis de chaque antibiotique. Ces concentrations critiques sont établies par la CLSI (CLSI, 2007). Voir le tableau A dans la partie Annexe I.

Ultérieurement, il faut définir les dilutions d'antibiotiques qu'on va utiliser (en mg/l ou µg/ml). Ces dilutions doivent contenir les concentrations critiques définies par le CLSI (NCCLS).

Par ailleurs, le nombre de dilutions doit être déterminé en fonction de certains critères tels que les concentrations critiques, le nombre de puits de la plaque ou de la sensibilité prévue (isolat très sensible ou très résistant),... Dans ce travail, on a réalisé 11 dilutions pour chaque antibiotique et le puits numéro 12 servira de contrôle négatif de la croissance (complétant ainsi les 12 puits de chaque ligne avec un seul antibiotique). Les dilutions qu'on a utilisées pour chaque antibiotique et dans chaque puits sont présentées dans le tableau B de l'Annexe I.

Ensuite, on dissout l'antibiotique dans son solvant correspondant de façon à obtenir une solution-stock qui sera utilisée ultérieurement (il est préférable d'aliquoter cette solution-stock en tubes Eppendorf, afin que l'antibiotique ne perd pas ses propriétés).

Ci-ainsi sont présentés les antibiotiques utilisés pour l'antibiogramme des Staphylocoques et les concentrations stock exprimées en µg/ml (Tableau 16).

Tableau 16 : Concentrations stock des antibiotiques utilisés pour étudier la sensibilité des Staphylocoques

Antibiotique	Concentration stock (µg/ml)
Linézolide (100%)	32
Vancomycine (100%)	256
Daptomycine (100%)	8
Pénicilline (100%)	16
Céfazoline (100%)	1024
Gentamicine (66.1%)	1549.17
Erythromycine (95.4%)	268.34
Clindamycine (87.2%)	293.58
Lévofloxacine (100%)	256
Cotrimoxazole (*Trimétoprime* 91% + *Sulfamétoxazole* 57.35%)	281.3/8481.3
Oxacilline (86.3%)	148.32

NB : tous ces antibiotiques ont été dissouts dans l'eau bidistilée.

Après la préparation de toutes ces solutions-stock, on ensemence nos souches de Staphylocoques sur la gélose au sang et on incube pendant 24 heures à 37 ° C.

En parallèle et en suivant les normes du CLSI (CLSI, 2007), on a utilisé les souches suivantes comme contrôle de qualité : *E. coli* ATCC 25922 et *S. aureus* ATCC 29213.

b. Méthode de micro-dilution

Dans ce travail on a procédé à la technique de micro-dilution détaillée ci-dessous pour un volume final de 100 µl dans chaque puits (Figure 16):

Premièrement, on vérifie la croissance de chaque souche à étudier sur la gélose au sang et on décongèle les aliquotes d'antibiotiques nécessaires. Ultérieurement, on prépare les tubes avec de l'eau bidistillée stérile et les autres avec le bouillon Mueller-Hinton (un volume minimal de 6,6 ml). Ensuite, on prépare la suspension de chaque isolat à 0,5 McFarland avec de l'eau bidistillée. Puis on réalise une dilution 1/100 de la souche dans le bouillon Mueller-Hinton en ajoutant 70 µl de la suspension bactérienne préparée à 7 ml du bouillon Mueller-Hinton. On mélange bien avec la micropipette.

Dans les plaques de micro-titration (figure 16), tous les puits sont remplis de 50 µl du bouillon Mueller-Hinton à l'aide d'une micropipette multi-canal. Ensuite et dans le premier puits de chaque ligne on ajoute 50 µl de l'antibiotique à tester. Ainsi le volume de ce premier puits sera de 100 µl et l'antibiotique sera dilué à la moitié de la solution-stock. On mélange bien avec la micropipette puis on prend 50 µl du premier puits et on l'ajoute au 2ème puits. On mélange l'ensemble, toujours avec la micropipette et on prend 50 µl du 2ème puits pour l'ajouter au 3ème. On répète cette procédure pour tous les puits de la ligne. Les 50 µl prélevés du puits numéro 12 (le dernier puits) seront éliminés. De cette manière, on a dilué l'antibiotique dans les puits successifs pour obtenir dans chacun, une dilution qui est la moitié de la précédente. Le volume final dans chaque puits est de 50 µl.

A l'aide d'une micropipette, on ajoute dans chaque puits 50 µl de la souche en suspension dans le bouillon Mueller-Hinton en commençant par le puits numéro 11 de chaque ligne jusqu'au premier puits. Dans le puits numéro 12 on n'ajoute pas la souche à étudier (contrôle négatif), sinon 50µl du bouillon Mueller-Hinton stérile. Ainsi, le volume final dans chaque puits sera de 100 µl. Après l'inoculation de toute la plaque on réalise des petits mouvements afin d'homogénéiser les éléments ajoutés, puis on incube les plaques à 37°C pendant 24h. Les valeurs de la CMI pour chaque isolat et chaque antibiotique seront déterminées après le temps d'incubation. On vérifie toujours qu'il y a une croissance bactérienne dans le contrôle positif et qu'il n'y en a pas dans le contrôle négatif.

II.2 Entérocoques

Pour étudier la sensibilité des isolats d'Entérocoques aux antibiotiques suivants: Ampicilline, Vancomycine, Daptomycine, Lévofloxacine et Linézolide, on a également réalisé la technique de micro-dilution en bouillon Mueller-Hinton.

Comme pour les Staphylocoques et pour tester le Daptomycine, on a besoin du bouillon Mueller-Hinton complété à 50 mg / l de calcium.

Les concentrations critiques qui définissent les 3 catégories cliniques des espèces d'Entérocoques et les dilutions utilisées pour chaque antibiotique et dans chaque puits sont citées dans les tableaux C et D de l'Annexe I respectivement (CLSI, 2007).

Ci-ainsi on présente les antibiotiques utilisés dans le cas des Entérocoques ainsi que leurs concentrations stock exprimées en µg/ml (Tableau 17).

Tableau 17 : Concentrations stock des différents antibiotiques utilisés pour étudier la sensibilité des Entérocoques.

Antibiotique	Concentration stock (µg/ml)
Linézolide (100%)	32
Vancomycine (100%)	256
Ampicilline (100%)	256
Lévofloxacine (100%)	256

NB : tous ces antibiotiques sont dissous dans l'eau bidistillée.

Les souches d'Entérocoques sont ensuite ensemencées sur la gélose au sang et incubées pendant 24 heures à 37 °C. Après on réalise la procédure de la micro-dilution de la même manière que pour les Staphylocoques (Figure 16). On incube les plaques de micro-titration et on fait la lecture en se servant du tableau D de l'annexe I. Ainsi on détermine la valeur de la CMI de chaque isolat d'Entérocoques vis-à-vis de chaque antibiotique.

Les souches *E. coli* ATCC 25922 et *S. aureus* ATCC 29213 ont été utilisées également comme contrôle selon les normes du CLSI (CLSI, 2007).

II.3 Entérobactéries

Quant à l'étude de la sensibilité des souches d'Entérobactéries (pathogènes et non pathogènes), on a suivi également la technique de micro-dilution en bouillon Mueller-Hinton détaillé en haut.

Les antibiotiques utilisés dans notre cas sont : Ampicilline, Amoxicilline-acide Clavulanique, Pipéracilline-Tazobactam, Céfoxitine, Ceftazidime, Céfépime, Imipénème, Ertapénème, Méropénème, Gentamicine, Amikacine, Cotrimoxazole et Ciprofloxacine.

Les concentrations critiques et la lecture interprétative concernant les Entérobactéries et établies par la CLSI (NCCLS, 2007) sont citées dans les tableaux E et F de la partie Annexe I.

Ci-dessous on présente les antibiotiques utilisés pour l'antibiogramme d'Entérobactéries et leurs concentrations stock exprimées en µg/ml (Tableau 18).

Tableau 18 : Concentrations stock des antibiotiques utilisés pour étudier la sensibilité des Entérobactéries.

Antibiotique	Concentration stock (µg/ml)
Ampicilline (100%)	*1024*
Ertapénème (100%)	*32*
Méropénème (100%)	*32*
Imipénème (100%)	*32*
Céfépime (100%)	*1024*
Ceftazidime (100%)	*1024*
Céfoxitine (100%)	*1024*
Tazobactam (100%)	*4*
Gentamicine (66.1%)	*774.58*
Amikacine (71.7%)	*1428.17*
Ciprofloxacine liquide (100%)	*512*
Pipéracilline (100%)	*1024*
Clavulanique (100%)	*256*
Cotrimoxazole (Trimétoprime 91% + Sulfamétoxazole 57.35%)	*281.3/8481.3*
Amoxicilline (88.5%)	*578.5*

NB : tous ces antibiotiques sont dissous dans l'eau bidistillée, sauf dans le cas de la Pipéracilline qui se prépare avec le méthanol / eau bidistillée (1 ml de méthanol et 19 ml d'eau bidistillée).

Comme pour les cas précédents, on ensemence les souches d'Entérobactéries sur la gélose au sang, on incube les boîtes et le lendemain on réalise la technique de micro-dilution (Figure 16).

Les valeurs de la CMI de chaque isolat sont déterminées en se servant du tableau F de l'Annexe I.

Les souches suivantes : *E. coli* ATCC 25922 et *S. aureus* ATCC 29213 ont été utilisées comme contrôle de qualité selon les normes du CLSI (CLSI, 2007).

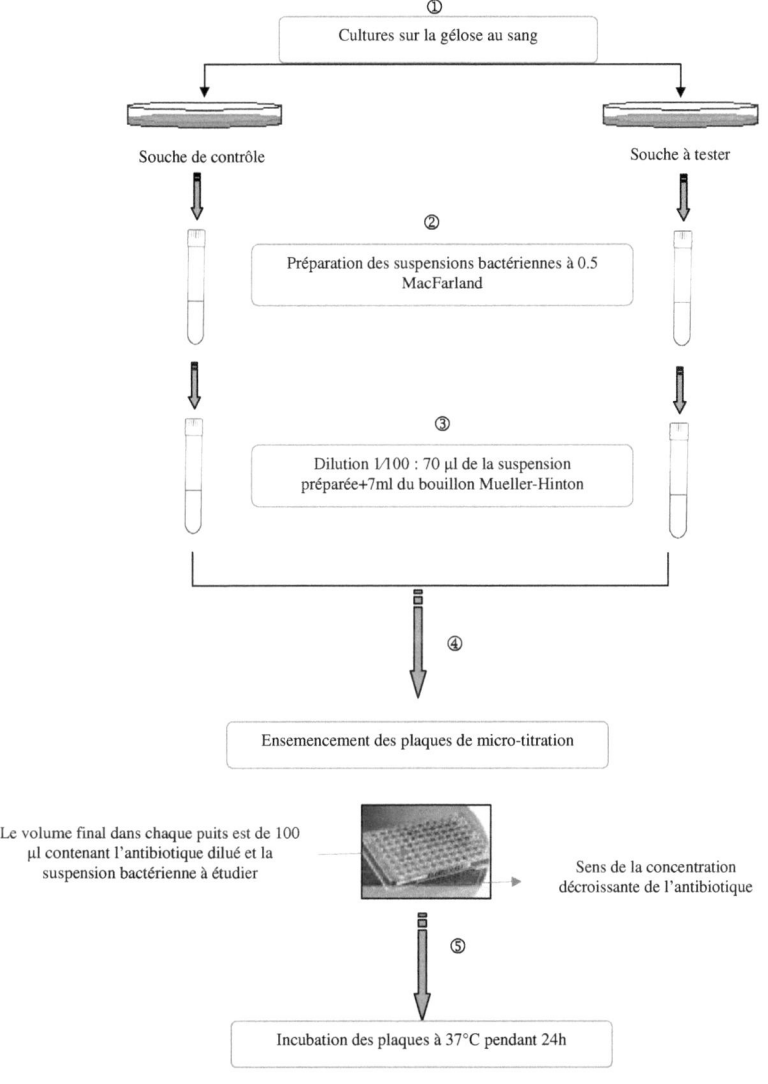

Figure 16 : Schéma récapitulatif de la méthode de micro-dilution suivie

III. Résultats

III.1 Introduction

La sensibilité d'une bactérie est mesurée par la concentration minimale inhibitrice (CMI) de l'antibiotique testé. C'est la méthode de référence préconisée par l'OMS. Rappelons que la CMI est la plus petite quantité d'antibiotique capable d'inhiber une croissance visible à l'œil nu.

Par définition, CMI_{50} est la concentration en antibiotique capable, in vitro, d'inhiber au moins 50% des souches d'une espèce bactérienne. De même, CMI_{90} est la concentration en antibiotique capable d'inhiber au moins 90% des souches d'une espèce bactérienne.

L'intérêt de calcul de ces paramètres est de voir le niveau moyen de sensibilité à un antibiotique (CMI_{50}), la dispersion des CMI et le niveau de résistance des souches les plus résistantes (CMI_{90}) et enfin étudier la prévalence de la résistance.

Au Maroc, il n'existe pas d'études sur le transport de bactéries pathogènes résistantes aux antibiotiques par *Periplaneta americana* et *Musca domestica* dans les hôpitaux et les zones résidentielles.

L'objectif de cette étude était d'étudier la sensibilité des bactéries isolées de blattes américaines et de mouches domestiques dans les six quartiers de Tanger.

Savoir la sensibilité des bactéries aux antibiotiques dans nos régions d'étude à Tanger, peut, par conséquent, permettre de savoir le degré de virulence des bactéries et les possibilités thérapeutiques en cas d'infection. Aussi, effectuer une surveillance des bactéries résistantes isolées afin de lutter au mieux contre leur dissémination, par des mesures d'hygiène et de promotion de l'utilisation rationnelle des antibiotiques.

III.2 Staphylocoques

a. Sensibilité des Staphylocoques selon l'insecte

68,4% des isolats de *Staphylococcus* sp. avaient une résistance à la pénicilline. Ce pourcentage était plus élevé chez les isolats de *Staphylococcus* en provenance de blattes américaines (73,3%) que ceux isolés des mouches domestiques (65,2%). En outre, les isolats de *Staphylococcus* provenant des blattes américaines ont été retrouvés plus résistants à l'érythromycine et à la gentamicine que ceux provenant des mouches domestiques (Tableau 19).

Tableau 19: Sensibilité des Staphylocoques isolés de blattes américaines et de mouches domestiques

Antibiotique	Tous les Staphylocoques			Staphylocoques des MD			Staphylocoques des PA		
	CMI$_{50}$	CMI$_{90}$	Sensibilité (%)	CMI$_{50}$	CMI$_{90}$	Sensibilité (%)	CMI$_{50}$	CMI$_{90}$	Sensibilité (%)
LNZ	0.25	0.5	100	0.25	0.5	100	0.25	0.5	100
VAN	0.25	1	100	0.25	1	100	0.5	1	100
DAP	0.125	0.25	100	0.06	0.25	100	0.125	0.25	100
PEN	0.25	1	31.6	0.25	0.5	34.8	0.25	4	26.7
GM	1	4	94.7	1	4	100	2	8	86.7
ERY	0.25	8	89.5	0.25	0.5	91.3	0.25	8	86.7
CLI	0.25	0.5	92.1	0.25	0.5	91.3	0.25	0.5	93.3
LEV	0.06	0.125	100	0.06	0.25	100	0.06	0.125	100
SXT	0.125/2.375	0.25/4.75	100	0.125/2.375	0.25/4.75	100	0.125/2.375	0.25/4.75	100
OXA	0.25	2	78.9	0.25	2	73.9	0.25	2	86.7

Abréviations: LNZ: linézolide; VAN: vancomycine; DAP: daptomycine; PEN: pénicilline; GM: gentamicine; ERY: érythromycine; CLI: clindamycine; LEV: levofloxacine; SXT: cotrimoxazole; OXA: oxacilline ; MD: *Musca domestica*; PA: *Periplaneta americana*.

b. Sensibilité des Staphylocoques selon le quartier

Selon nos résultats, un isolat de *S. aureus* a été trouvé résistant à l'oxacilline (SARM), alors que 33,3% de Staphylocoques à coagulase négative étaient résistants à l'oxacilline.

Les espèces de Staphylocoques provenant des insectes des quartiers Bendiban, Charf et Val Fleuri étaient plus résistantes à la pénicilline que celles provenant d'autres quartiers.

Aussi, les espèces de Staphylocoques appartenant aux insectes des quartiers Banimakada et Castilla sont plus résistantes à l'oxacilline (Staphylocoques résistant à la méthicilline) que celles en provenance du reste des quartiers. Les Staphylocoques du quartier Banimakada étaient résistants à la gentamicine (Tableau 20).

Tableau 20: Pourcentage de la sensibilité des Staphylocoques isolés de six quartiers de Tanger

Antibiotique	BD	BM	CA	CF	PM	VAL
PEN	25	50	50	30	50	16.7
GM	91.7	50	100	100	100	100
ERY	91.7	100	100	90	83.3	83.3
CLI	100	100	100	90	83.3	83.3
OXA	91.7	50	50	80	83.3	66.7

Abréviations: PEN: pénicilline; GM: gentamicine; ERY: érythromycine; CLI: clindamycine; OXA: oxacilline ; BD: Bendiban; BM: Banimakada; CA: Castilla; CF: Charf; PM: Place Mozart; VAL: Val fleuri.

III.3 Entérocoques

a. Sensibilité d'Entérocoques selon l'insecte

Les isolats d'Entérocoques provenant du *Musca domestica* et du *Periplaneta americana* étaient trouvé très sensibles à tous les antibiotiques testés (Tableau 21).

Tableau 21 : Sensibilité d'Entérocoques isolés de mouches domestiques et de blattes américaines

Antibiotique	Tous les Entérocoques			Entérocoques des MD			Entérocoques des PA		
	CMI_{50}	CMI_{90}	Sensibilité (%)	CMI_{50}	CMI_{90}	Sensibilité (%)	CMI_{50}	CMI_{90}	Sensibilité (%)
LNZ	0.5	2	100	1	2	100	0.5	1	100
VAN	1	2	100	1	2	100	1	2	100
DAP	0.2	0.5	100	0.125	0.5	100	0.25	0.5	100
AMP	0.5	1	100	1	1	100	0.5	1	100
LEV	1	2	100	1	2	100	1	1	100

Abbreviations: LNZ: linézolide; VAN: vancomycine; DAP: daptomycine; AMP: ampicilline; LEV: lévofloxacine ; MD: *Musca domestica*; PA: *Periplaneta americana*.

b. Sensibilité d'Entérocoques selon le quartier

Les isolats d'Entérocoques provenant de tous les quartiers étudiés de la ville de Tanger ont été trouvés très sensibles à tous les antibiotiques testés (Tableau 22).

Tableau 22 : Pourcentage de la sensibilité d'Entérocoques isolés de six quartiers de Tanger

Antibiotique	BD	BM	CA	CF	PM	VAL
LNZ	100	100	100	100	100	100
VAN	100	100	100	100	100	100
DAP	100	100	100	100	100	100
AMP	100	100	100	100	100	100
LEV	100	100	100	100	100	100

Abréviations : LNZ: linézolide; VAN: vancomycine; DAP: daptomycine; AMP: ampicilline; LEV: levofloxacine ; BD: Bendiban; BM: Banimakada; CA: Castilla; CF: Charf; PM: Place Mozart; VAL: Val fleuri.

III.4 Bacilles à Gram-négatif

a. Sensibilité des bacilles à Gram-négatif selon l'insecte

En général, les bacilles à Gram-négatif isolés à partir de deux espèces d'insectes ont été trouvés très sensibles aux antibiotiques testés.

Les antibiotiques de familles carbapénèmes et aminoglycosides ont été trouvés actifs contre 100% des isolats de bacilles à Gram-négatif. En outre, les antibiotiques suivants ont montré une excellente activité, mais pas sur 100% des bacilles à Gram-négatif : céfépime, ceftazidime, pipéracilline-tazobactam, ciprofloxacine, cotrimoxazole, amoxicilline-ac. clavulanique et céfoxitine. Seul l'ampicilline a montré une petite activité contre ces isolats bactériens (56% des isolats étaient résistants à cet antibiotique).

Aussi, des espèces de bacilles à Gram-négatif isolées de mouches domestiques sont résistantes à la cotrimoxazole que celles isolées de blattes américaines (tableau 23).

Tableau 23 : Sensibilité des bacilles à Gram-négatif isolées de mouches domestiques et de blattes américaines

Antibiotique	Tous les bacilles à Gram-négatif			Bacilles à Gram-négatif des MD			Bacilles à Gram-négatif des PA		
	CMI_{50}	CMI_{90}	Sensibilité (%)	CMI_{50}	CMI_{90}	Sensibilité (%)	CMI_{50}	CMI_{90}	Sensibilité (%)
AMP	32	>256	44	32	>256	42.7	32	256	45.3
AMC	2/1	16/8	83.7	2/1	16/8	83.1	2/1	16/8	84.2
PTZ	0.5/4	1/4	98.9	0.5/4	2/4	97.8	0.5/4	1/4	100
FOX	2	64	82.6	2	64	83.1	4	32	82.1
CAZ	≤0.125	2	98.9	0.25	2	97.8	≤0.125	2	100
FEP	≤0.125	2	99.4	≤0.125	2	98.9	≤0.125	1	100
IMI	0.06	0.25	100	0.06	0.25	100	0.06	0.25	100
ETP	0.008	0.03	100	0.008	0.03	100	0.008	0.03	100
MEM	0.03	0.06	100	0.03	0.06	100	0.03	0.06	100
GM	0.25	0.5	100	0.25	1	100	0.25	1	100
AK	1	4	100	1	4	100	1	4	100
SXT	0.25/4.75	32/608	87.5	0.25/4.75	>64/1216	80.9	0.25/4.75	1/19	93.7
CIP	≤0.06	0.5	97.3	≤0.06	1	97.8	≤0.06	0.5	96.9

Abréviations: AMP: ampicilline; AMC: amoxicilline-ac. clavulanique; PTZ: pipéracilline-tazobactam; FOX: céfoxitine; CAZ: ceftazidime; FEP: céfépime; IMI: imipénème; ETP: értapénème; MEM: méropénème; GM: gentamicine; AK: amikacine; SXT: cotrimoxazole; CIP: ciprofloxacine; MD: *Musca domestica*; PA: *Periplaneta americana*.

b. Sensibilité des bacilles à Gram-négatif selon le quartier

Les bacilles à Gram-négatif isolées d'insectes des quartiers Banimakada et Val Fleuri ont été trouvés plus résistants à l'ampicilline que celles provenant d'autres quartiers.

Dans le quartier Charf, jusqu'à 57,1% des isolats de bacilles à Gram-négatif ont été trouvés sensibles à l'ampicilline.

Dans les quartiers Banimakada et Castilla, les bacilles à Gram-négatif sont plus résistants à la cotrimoxazole. Comme pour céfoxitine, il y avait une différence de 17 points en pourcentage de la sensibilité des isolats entre les quartiers Val Fleuri et Banimakada (tableau 24).

Tableau 24 : Pourcentage de la sensibilité des bacilles à Gram-négatif isolées de six quartiers de Tanger

Antibiotique	BD	BM	CA	CF	PM	VAL
AMP	47.1	32.5	42.9	57.1	48.6	33.3
AMC	82.4	83.7	85.7	82.9	86.5	80.9
PTZ	97.1	97.7	100	100	100	100
FOX	79.4	88.4	78.6	85.7	83.8	71.4
CAZ	100	100	100	97.1	100	95.2
FEP	100	100	100	100	100	95.2
SXT	100	79.1	78.6	88.6	86.5	90.5
CIP	97.1	100	92.8	94.3	97.3	100

Abréviations: AMP: ampicilline; AMC: amoxicilline-ac. clavulanique; PTZ: pipéracilline-tazobactam; FOX; céfoxitine ; CAZ: ceftazidime; FEP: céfépime; SXT: cotrimoxazole; CIP: ciprofloxacine; BD: Bendiban; BM: Banimakada; CA: Castilla; CF: Charf; PM: Place Mozart; VAL: Val fleur.

IV. Discussion et conclusions

Aujourd'hui, la résistance des bactéries aux antibiotiques pose un important problème de santé publique, plus particulièrement dans le monde en voie de développement. Les infections causées par les bactéries résistantes provoquent des taux d'hospitalisation plus élevés et l'allongement de temps d'hospitalisation des malades ; ce qui accroît le coût du traitement et alourdit le fardeau économique pour la communauté (Shears, 2001).

Bien que l'utilisation excessive des antibiotiques ait été la principale cause de la résistance dans les pays développés, ce seul phénomène ne peut pas expliquer l'émergence croissante des bactéries résistantes dans le monde en voie de développement (Shears, 2001).

Le surpeuplement aussi bien dans les hôpitaux que dans les logements, plus particulièrement dans les zones urbaines et semi-urbaines, la pauvreté, les mauvaises conditions d'hygiène, l'utilisation inappropriée des antibiotiques ainsi que l'accès aux antibiotiques sans ordonnance sont également des facteurs qui favorisent cette résistance. Le mauvais état dans lequel se trouvent les infrastructures de soins de santé, le manque d'hygiène en milieu hospitalier et l'absence d'instruments de diagnostic fiables contribuent également à aggraver ce problème (Shears, 2001).

Il est clair maintenant que les insectes domestiques vivant dans ou près d'hôpitaux (blattes, mouches, fourmis, …) portent fréquemment des bactéries résistantes aux antibiotiques. Ceci est considéré comme une menace mondiale touchant les pays développés et les pays en voie de développement.

Dans le présent travail, tous les bacilles Gram-négatif isolés ont montré une sensibilité vis-à-vis des antibiotiques carbapénèmiques et aminoglycosidiques. Les carbapénèmes sont exclusivement utilisées dans les hôpitaux, tandis que les aminoglycosides sont préférablement utilisés dans les hôpitaux. Pour cette raison, nos isolats, ayant été obtenus dans un environnement extrahospitalier, ont montré une grande sensibilité à ces groupes d'antibiotiques.

Néanmoins, ces micro-organismes ont été sensibles à d'autres antibiotiques couramment utilisés dans la Communauté, tels que l'amoxicilline-acide clavulanique, ciprofloxacine ou cotrimoxazole.

Par ailleurs, il n'y avait pas de différences notables dans la sensibilité des isolats bactériens en provenance des mouches domestiques par rapport à ceux des blattes américaines. En tout cas, nos isolats bactériens n'étaient pas soumis à une pression de certains antibiotiques dans leur environnement, puisqu'ils ne provenaient pas d'échantillons cliniques, ni de patients infectés et soumis à un traitement antibiotique antécédent.

Seule l'ampicilline a montré une petite activité contre ces isolats bactériens. Ceci est dû essentiellement à la présence de résistance naturelle chez certaines espèces bactériennes comme *Klebsiella* sp., *Enterobacter* sp., *Providencia* sp., ou *Serratia* sp. (Risueño Navarro et *al.,* 2002). Nos résultats contrastent avec ceux de Pai et ses collaborateurs (2004, 2005), qui ont isolé des insectes de ménages des bactéries multi-résistantes. Tandis qu'ils sont en accord avec les résultats de Rahuma et *al,* (2005) et Elgderi et ses collaborateurs (2005). Dans ces deux derniers travaux, les souches d'Entérobactéries isolées d'insectes d'hôpitaux (mouches ou blattes) ont été significativement résistantes aux antibiotiques que celles isolées d'insectes collectés du milieu résidentiel de la même région.

Comme pour les bacilles Gram-négatif, tous les staphylocoques étaient sensibles aux antibiotiques à usage exclusivement hospitalier (linézolide, vancomycine et daptomycine). Toutefois, à la différence des bacilles Gram-négatif, ils sont également sensibles à la levofloxacine et à la cotrimoxazole. La pénicilline s'est avérée l'antibiotique le moins actif contre ce genre de bactéries en raison de l'existence de bêta-lactamase. En outre, les isolats de Staphylocoques conservent une forte sensibilité aux aminosides, macrolides et aux lincosamides.

Un seul *S. aureus* résistant à la méthicilline a été obtenu, alors que 33,3% de Staphylocoques à coagulase négative ont été trouvé résistants à la méthicilline. Des études récentes ont montré une augmentation de la prévalence du *S. aureus* résistant à la méthicilline (MRSA), dans les hôpitaux marocains (de 14,4% en 1996 à 20% en 2004) (Kesah et *al.,* 2003; Borg et *al.,* 2008). Pour leur part, les Staphylocoques à coagulase négative présentent habituellement des taux plus élevés de la résistance à la méthicilline par rapport au *S. aureus* (Stefani et Varaldo, 2003), et cela est reflété aussi dans notre travail.

Aucune résistance aux antibiotiques n'a été trouvée chez nos isolats d'Entérocoques. Récemment au Maroc, les espèces d'Entérocoques ont été isolées d'échantillons de denrées alimentaires avec une très grande résistance à l'érythromycine, la ciprofloxacine et la levofloxacine : par contre, elles étaient sensibles à la pénicilline et la gentamicine (Valenzuela et *al.,* 2008).

En ce qui concerne les différences dans la répartition des isolats dans les quartiers, il est clair que la concentration la plus élevée de bactéries résistantes était constatée dans les quartiers Banimakada et Castilla. Le premier de ces deux quartiers est caractérisé comme le plus surpeuplé des six quartiers étudiés. Tandis que le quartier Castilla dispose d'un centre de santé, près duquel, on a capturé les insectes. Ainsi, il semble que les insectes de ce quartier, vu leur mobilité, transportent des bactéries pathogènes de ce centre de santé vers les maisons au voisinage et *vice versa.*

En conclusion, dans notre cadre, même si les blattes et les mouches recueillies à partir de zones résidentielles ; elles peuvent être des vecteurs de bactéries pathogènes pour l'Homme. Il est vrai que ces bactéries transportées par nos insectes pourraient causer des infections telles les infections des plaies, la diarrhée, la pneumonie, etc., mais il serait facile de les traiter en raison de la forte sensibilité des bactéries en cause, aux antibiotiques d'usage routinier que se soit dans la Commune ou à l'hôpital.

CHAPITRE IV

Etude des mécanismes de virulence des souches d'*E. coli* et de *Klebsiella* sp.

Chapitre IV : Etude des mécanismes de virulence des souches *d'E. coli* et de *Klebsiella* sp. isolées des insectes

I. Introduction... 147

II. Matériel et méthodes... 147

II.1 Matériel.. 147

    a. Souches bactériennes de contrôle-positif.. 147

    b. Primers.. 148

    c. Milieu de culture et croissance bactérienne... 149

II.2 Techniques de génétique moléculaire.. 149

    d. Extraction des acides nucléiques (ADN) 149

    e. Réaction d'amplification d'ADN : PCR.. 150

    f. Electrophorèse d'ADN sur gel d'agarose.. 151

    g. Quantification d'ADN sur gels d'agarose... 152

III. Résultats.. 153

III.1 Recherche des souches d'*E. coli* porteuses du fragment de gène stx_2 de 378 pb... 153

III.2 Détection du gène Aérobactine de 1500 pb chez les souches d'*E. coli*.............. 154

III.3 Détection du gène Aérobactine de 1500 pb chez les souches de *Klebsiella* sp. 155

III.4 Recherche du gène *Nucleo* 1 du LPS chez les souches de *Klebsiella* sp. 156

III.5 Recherche du gène *Nucleo* 2 du LPS chez les souches de *Klebsiella* sp. 157

IV. Discussion et conclusions... 158

I. Introduction

La "virulence" signifie le degré de pathogénicité des espèces bactériennes (Schaechter et *al.*, 1993).

Les souches d'*E. coli* et de *Klebsiella* sont très associées aux diverses infections plus particulièrement aux infections nosocomiales. Selon les résultats des chapitres précédents, ces deux espèces bactériennes ont été les plus fréquemment isolées de nos insectes. Ce qui explique notre intérêt d'étudier certains mécanismes de pathogénicité chez les souches de ces deux espèces bactériennes, et d'identifier certains facteurs bactériens qui contribuent à la virulence de ces bactéries.

Dans ce travail qui a été réalisé au sein du département de Microbiologie de la Faculté de Pharmacie et de Biologie de l'Université de Barcelone, on a essayé de détecter par la technique de PCR chez nos souches d'*E. coli*, le gène Stx$_2$ qui codifie la toxine Stx$_2$, vu l'importance médicale que présente cette toxine. Aussi, on recherche chez ces mêmes souches d'*E. coli* le gène codifiant l'aérobactine ; un système de captation de fer chez les souches pathogènes et aussi un autre facteur de virulence très étudié.

Par ailleurs chez nos souches de *Klebsiella*, on essaie de déterminer via la réaction de PCR les deux types de noyau du lipopolysaccharide (LPS) qui est responsable de plusieurs manifestations toxiques et de l'adhérence des bactéries aux cellules hôtes et aussi à certaines propriétés antigéniques. Comme dans le cas des souches d'*E. coli*, on étudie aussi le gène codifiant l'aérobactine.

II. Matériel et méthodes

II.1 Matériel

a. Souches bactériennes de contrôle-positif

Les différentes souches de contrôle-positif utilisées dans cette étude ainsi que leurs caractéristiques et leur source sont présentés dans le tableau 25.

Tableau 25 : Souches bactériennes de contrôle-positif utilisées dans cette étude.

Souche	Caractéristiques principales	Source
Klebsiella pneumoniae		
52145	*Klebsiella pneumoniae*, sérotype O1:K2	Nassif *et* al., 1989
C3	*Klebsiella pneumoniae*,	Regué et *al.*, 2001
Escherichia coli		
C6OO (933W)	*Escherichia coli*, génotype stx$_2$ [(+)]	Muhldorfer et *al.*, 1996

b. Primers

Les primers oligonucléotidiques spécifiques utilisés dans les réactions d'amplification de fragments d'ADN ont été synthétisés par le logiciel Amersham Biosciences ou Isogen Life Science.

En général, lorsque la taille du primer est inférieure ou égal à 20 pb, la température de fusion (Tm) est calculée selon la formule suivante: $Tm = 2 (A + T) + 4 (G + C)$.

Dont A, T, G, C, représentent le nombre de chaque base nucléique.

Tm: la température de fusion.

La température d'hybridation ou d' « annealing » qui s'utilise dans les réactions d'amplification dépend de la température de fusion des primers qui se situe habituellement entre 1 et 5°C, et qui est inférieur à celle de la fusion des primers. Les paires de primers utilisées dans la réaction de PCR doivent avoir la même température d'hybridation.

Le tableau suivant (Tableau 26) récapitule les primers utilisés dans cette étude, la température d'hybridation ainsi que le rôle de chaque paire de primers.

Tableau 26 : Paires de primers utilisées dans cette étude.

Nom	5' Composition 3'	Température d'hybridation (°C)	Taille de produit de la PCR (pb)	FONCTION
378UP	GCG TTT TGA CCA TCT TCG T			Détection de la *Stx₂- sous unité A*
378LP	ACA GGA GCA GTT TCA GAC AG	53	378	chez *E. coli (Muniesa & Jofre, 1998)*
AERO0	TCT CAA CTC TTC ACG TAC			
AERO2	TCA CAT CGT ATT TCT GCC	58	1500	Détection d'Aérobactine chez *E. coli* et *Klebsiella* spp.
751L-F1	TTT ACC AGC CGA AAG TCG CC			Détection de Noyau 1 du LPS
waaLOR	CCG TAT CAC TAT CAT CTC CC	58	2100	chez *Klebsiella* spp.
5waaL-For	CCG GAA TTC GTT AAC GGC GAC TAT GAG G	58	1500	Détection de Noyau 2 du LPS
5waaL-Rev	CGC GGA TCC TTA TCT GTG GAA CCG TCG			chez *Klebsiella* spp.

    c. Milieu de culture et croissance bactérienne

Nos souches d'*Escherichia coli* (45 souches) et de *Klebsiella* sp. (37 souches) conservées dans le Glycérol à 60% à -80°C ont été décongelées et réactivées sur la gélose MacConkey et incubées pendant 18h à 37°C.

La croissance des souches de contrôle-positif utilisées dans cette étude : *Klebsiella pneumoniae* 52145, C3 et *Escherichia coli* C6OO 933 W, a été réalisée sur le milieu gélosé de LB (Luria-Bertani) à 37°C pendant toute la nuit (overnight).

    II.2 Techniques de génétique moléculaire

    d. Extraction des acides nucléiques (ADN)

L'ADN des souches analysées a été obtenu par la lyse des cellules en utilisant le kit de lyse *Colony Fast-Screen^{TM} kit (PCR-Screen)* de Epicentre® Biotechnologies. La technique est comme suit :

Dans un tube eppendorf contenant 12 µl de la solution de lyse de ce kit, 1 à 2 colonies de chaque souche bactérienne ont été ajoutées. L'ensemble est incubé pendant 10 min à 100°C et puis à froid (dans la glace) durant 5 min.

e. Réaction d'amplification d'ADN : *PCR*

La réaction en chaîne de polymérase (PCR) est une réaction enzymatique in vitro, qui permet l'amplification d'un fragment d'ADN. La technique consiste à amplifier une zone centrale de la séquence d'ADN localisée entre deux primers externes, direct et reverse, dont l'extension avance vers le centre de la molécule. D'ailleurs, elle est basée sur une série de cycles dans lesquels l'ADN est dénaturé, s'hybride avec les oligonucléotides qui servent de primers, et synthétise le fragment d'ADN complémentaire à l'ADN à amplifier. Il s'ensuit la dénaturation de ces deux derniers pour céder la place au cycle suivant.

De manière générale, l'enzyme responsable de ce processus est l'ADN polymérase thermostable (Taq polymérase) qui est isolée de *Thermus aquaticus*.

Dans notre cas et pour amplifier des fragments d'ADN de taille allant jusqu'à 4-kb, on a utilisé l'*EcoTaq* ADN polymérase d'Ecogen et les tampons fournis par la même maison commerciale, un mélange de dNTP fourni par Bioron, et l'eau deséionisée, traitée par le di-éthyl-pyrocarbonate (DEPC) de Gibco.

Le protocole de PCR est réalisé selon les indications générale de (Sambrook et *al.,* 1989).

Les réactions de PCR ont été effectuées dans le thermocycleur *GeneAmp PCR System 2400* de Perkin Elmer.

Habituellement, on réalise un cycle de dénaturation initiale à 94°C pendant 3 min, suivi d'environ 30 à 35 cycles dont les conditions sont indiquées dans le tableau 27. Finalement, on effectue un cycle à 72°C durant 10 min pour compléter l'amplification du segment d'ADN.

Une fois la réaction de PCR est terminée, les fragments amplifiés sont conservés à 4°C et plus tard révélés grâce à l'électrophorèse sur un gel d'agarose.

La composition du mélange de la réaction de PCR et le programme de la réaction d'amplification sont détaillés dans le tableau 27 ci-dessous :

Tableau 27: Composition et conditions de la réaction d'amplification avec l'EcoTaq ADN polymérase.

Composition de mélange de la réaction	Programme d'amplification
1x tampon de PCR	1 cycle
0,2 mM de dNTP *mix*	- 3 minutes à 94 °C (dénaturation d'ADN)
2mM[1] de MgCl$_2$	30-35 cycles:
0,5 µM des primers (chacun) ;	- 45 secondes à 94 °C
369up/369lp (6,5 pmol/µl), AERO0 / AERO2 (3,2 pmol /µl), 751L-F1 /waaLOR (3,2 pmol /µl), 5waaL-For/5waaL-Rev (3,2 pmol /µl)	
50-100 ng d'ADN (équivalent à 1µl des colonies lysées)	- 30 secondes a Tm[2] (hybridation d'ADN/primer)
2,5 U de *Taq* ADN polymérase	- 1 minute / kb d'ADN à amplifier à 72 °C
Eau des-ionisée DEPC jusqu'à 50 µl	1 cycle
	- 10 minutes à 72 °C

[1] La concentration de MgCl$_2$ est optimisée dans certaines occasions.
[2] Température d'hybridation ADN/primer, est dépendante des primers utilisés.

f. Electrophorèse d'ADN sur gel d'agarose

L'électrophorèse d'ADN sur gel d'agarose est utilisée pour séparer et identifier des fragments d'ADN. Cette technique est basée sur le fait que l'ADN en solution et à pH neutre acquiert une charge négative, de façon que lorsqu'on le soumet à un champ électrique, migre vers le pôle positif aux différentes vitesses en fonction de sa taille et/ou de sa conformation.

La Vitesse de migration est inversement proportionnelle au logarithme du poids moléculaire, de manière que lorsqu'on le compare à un marqueur de taille, on peut extrapoler la taille des différents fragments d'ADN présents dans la solution.

En outre, la modification de la concentration d'agarose peut permettre de séparer, avec une bonne résolution, des fragments d'ADN de longueurs différentes (Maniatis *et al.* 1982).

L'agarose est dissoute dans le buffer TBE (Tris Borate EDTA) 0.5X préparé à partir d'une solution concentrée de TBE 5X (voir le tableau 28).

Tableau 28 : composition du tampon TBE 5X.

1 litre du Tampon TBE 5X contient	
Tris	54 g
Acide borique	27.5 g
EDTA pH 8	20 ml

Les échantillons d'ADN sont mélangés au colorant de charge à une proportion de 1/5 à l'égard du volume total. Ce colorant a essentiellement deux fonctions:

a) augmenter la densité de l'échantillon, facilitant ainsi son introduction dans les puits du gel et évitant sa diffusion,

b) poursuivre le cours de l'électrophorèse grâce à la présence de deux colorants dans le colorant décharge : le bleu de bromophénol et le xylencianol.

On charge aussi avec les échantillons d'ADN, un marqueur de poids moléculaire : *Ecoladder* de Ecogen ou *10Kb Plus DNA Ladder* de Invitrogen.

L'électrophorèse est réalisée dans des cuves d'électrophorèse horizontales *Mini* d'Ecogen en appliquant un voltage allant entre 80-100 volts.

Enfin, pour visualiser l'ADN on ajoute au gel un agent intercalant, le Bromure d'Ethidium à une concentration de 0,5 µg/ml. Cet agent sera fixé entre les bases d'ADN permettant ainsi de les visualiser et/ou de les photographier en se servant d'un Transi-illuminateur de la lumière ultraviolette (λ = 302 nm).

g. Quantification d'ADN sur gels d'agarose

La quantification d'ADN se fait à partir de l'intensité de la fluorescence émise par le Bromure d'ethidium intercalé entre ses bases quand il est irradié par la lumière ultraviolette. Elle est directement proportionnelle à la masse totale d'ADN. Dans le même gel d'agarose, on charge les échantillons d'ADN et un marqueur de poids moléculaire et de concentration connus (*Ecoladder* de Ecogen). La concentration d'ADN se quantifie par comparaison de l'intensité des bandes des échantillons correspondante à celles du marqueur.

III. Résultats

III.1 Recherche des souches d'*E. coli* porteuses du fragment de gène stx$_2$ de 378 pb

Dans la figure 17, on observe clairement le signal d'amplification du control positif utilisé et décrit dans la partie Matériel et Méthodes. Toutefois, le gène Stx$_2$ ne peut pas être détecté par la PCR chez toutes nos souches d'*E. coli* isolées des mouches domestiques et des blattes américaines collectées dans les six quartiers de Tanger. La réaction de PCR se considère négative quand il n'est pas possible de visualiser la bande correspondante au fragment de taille de 378 pb après l'analyse de 5 µl du produit de PCR dans un gel d'agarose à 1.5%.

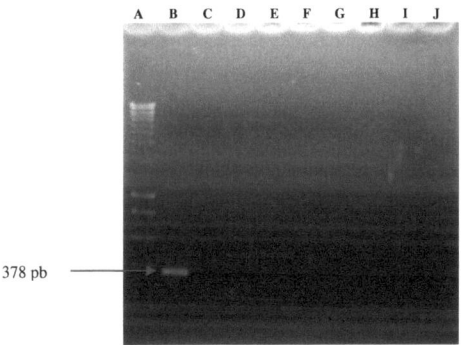

Figure 17 : Gel d'agarose à 1,5% après coloration avec le Bromure d'Ethidium montrant la bande correspondant au fragment du gène de la toxine Stx$_2$ chez *E. coli*. A: marqueur de poids moléculaire *Ecoladder* 10 Kb ; B : contrôle positif (*E. coli* C6OO (933W) ; C à J : quelques souches d'*E. coli* analysées pour la détection du gène Stx$_2$. Comme le montre la figure, on ne peut pas détecter l'amplification du fragment de 378 pb chez aucune souche d'*E. coli* analysée.

Le gène Stx$_2$ a été détecté via PCR chez la souche de contrôle positif en utilisant les primers qui amplifient ce gène, tandis que la bande espérée (387pb) correspondante au fragment générique du gène Stx₂ de la région d'ADN, codifiant la subunité A de la toxine Stx_2, est totalement absente chez toutes les souches examinées.

III.2 Détection du gène Aérobactine de1500 pb chez les souches d'*E. coli*

Dans la figure 18, on constate aussi le signal d'amplification du contrôle positif utilisé et décrit dans la partie Matériel et Méthode. Toutefois, le gène Aérobactine ne peut pas être détecté par la réaction de PCR chez la quasi totalité des souches d'*E. coli* isolées des mouches domestiques et des blattes américaines collectées dans les six quartiers de Tanger. Par contre, il est détecté chez une seule souche d'*E. coli* (colonne I). La réaction de PCR se considère négative quand il n'est pas possible de visualiser la bande correspondante au fragment de 1500 pb après l'analyse de 5 µl du produit de PCR dans un gel d'agarose à 0.8%.

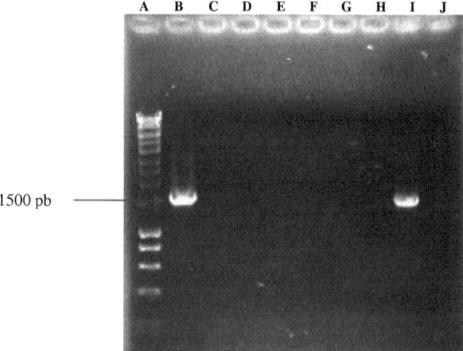

Figure 18: Gel d'agarose à 0,8% après coloration avec le Bromure d'Ethidium montrant la bande correspondant au fragment du gène d'aérobactine chez *E. coli*. A: marqueur de poids moléculaire *Ecoladder* 10 Kb ; B : contrôle positif (*Klebsiella pneumoniae* 52145) ; C à J : quelques souches d'*E. coli* analysées pour la détection du gène Aérobactine. I : une souche d'*E. coli* Aérobactine-positive.

Le gène Aérobactine a été détecté via PCR chez la souche de contrôle positif en utilisant les primers qui amplifient ce gène, tandis que la bande espérée (1500pb), correspondante au gène Aérobactine, est quasi absente chez les souches étudiées à l'exception d'une souche d'*E. coli* qui porte le gène codifiant l'aérobactine. Cette souche est isolée de la mouche domestique du quartier Banimakada.

III.3 Détection du gène Aérobactine de1500 pb chez les souches de *Klebsiella* sp.

La figure 19, montre également le signal d'amplification du contrôle positif utilisé et décrit dans la partie Matériel et Méthode. Toutefois, le gène aérobactine ne peut pas être détecté par la réaction de PCR chez la quasi totalité des souches de *Klebsiella* sp. isolées des mouches domestiques et des blattes américaines collectées dans les six quartiers de Tanger. Par contre, il est détecté chez une souche de *Klebsiella* sp. (colonne J). La réaction de PCR se considère négative quand il n'est pas possible de visualiser la bande correspondante au fragment de 1500 pb après l'analyse de 5 µl du produit de PCR dans un gel d'agarose à 0.8%.

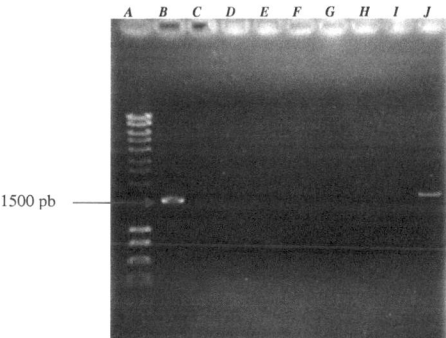

Figure 19: Gel d'agarose à 0,8% après coloration avec le Bromure d'Ethidium montrant la bande correspondant au fragment du gène d'aérobactine chez *Klebsiella* sp. A: marqueur de poids moléculaire Ecoladder 10 Kb ; B : contrôle positif (*Klebsiella pneumoniae* 52145) ; C à J : quelques souches de *Klebsiella* sp., analysées pour la détection du gène aérobactine. J : une souche de *Klebsiella* sp. aérobactine-positive.

Le gène aérobactine a été détecté via PCR chez la souche de contrôle positif en utilisant les primers qui amplifient ce gène, tandis que la bande espérée (1500pb), correspondante au gène aérobactine, est quasi absente chez les souches étudiées à l'exception d'une souche de *Klebsiella* sp. qui porte le gène codifiant l'aérobactine. Cette souche est isolée de la mouche domestique provenant du quartier Val flouri.

III.4 Recherche du gène *Nucleo* 1 chez les souches de *Klebsiella* sp.

Dans la figure 20, on observe clairement le signal d'amplification du control positif utilisé et décrit dans la partie Matériel et Méthode. Toutefois, le gène *Nucleo* 1 ne peut pas être détecté par la réaction du PCR chez toutes les souches de *Klebsiella* sp. isolées des mouches domestiques et des blattes américaines, capturées dans les six quartiers de Tanger. La réaction de PCR se considère négative quand il n'est pas possible de visualiser la bande correspondante au fragment de 2100 pb après l'analyse de 5 µl du produit de PCR dans un gel d'agarose à 0,8%.

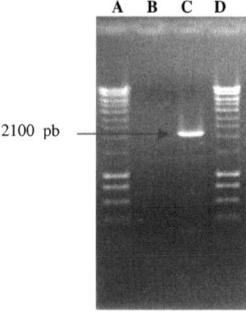

Figure 20: Gel d'agarose à 0,8% après coloration avec le Bromure d'Ethidium montrant la bande correspondant au fragment du gène Nucleo 1 chez *Klebsiella* sp. A et D: marqueur de poids moléculaire *Ecoladder* 10 Kb ; C: contrôle positif (*Klebsiella pneumoniae* C_3) ; B : une souche de *Klebsiella* sp. analysée pour la détection du gène *Nucleo* 1.

Le gène *Nucleo* 1 a été détecté via PCR chez la souche de contrôle positif en utilisant les primers qui amplifient ce gène, tandis que la bande espérée (2100pb) correspondante au gène *Nucleo* 1 de la région d'ADN est totalement absente chez toutes les souches examinées.

III.5 Recherche du gène Nucleo 2 chez les souches de *Klebsiella* sp.

D'après la figure 21, on observe le signal d'amplification du control positif utilisé. Toutefois, le gène *Nucleo* 2 ne peut pas être détecté par la PCR chez toutes les souches de *Klebsiella* sp., isolées des mouches domestiques et des blattes américaines capturées dans les six quartiers choisis de Tanger. La réaction de PCR se considère négative quand il n'est pas possible de visualiser la bande correspondante au fragment de 1500 pb après l'analyse de 5 µl du produit de PCR dans un gel d'agarose à 0,8%.

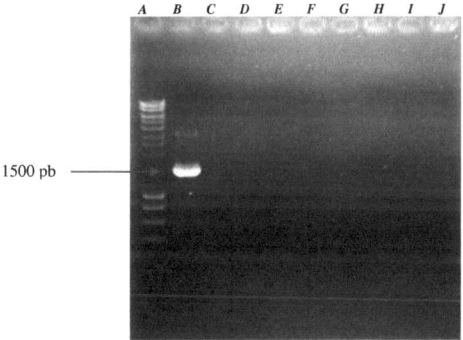

Figure 21: Gel d'agarose à 0,8% après coloration avec le Bromure d'Ethidium montrant la bande correspondant au fragment du gène Nucleo 2 chez *Klebsiella* sp. A: marqueur de poids moléculaire *Ecoladder* 10 Kb ; B : contrôle positif (*Klebsiella pneumoniae* 52145) ; C à J : quelques souches de *Klebsiella* sp. analysées pour la détection du gène Nucleo 2.

Le gène *Nucleo* 2 a été détecté via la réaction de PCR chez la souche de contrôle positif en utilisant les primers qui amplifient ce gène, tandis que la bande espérée (2100 pb) correspondante au gène *Nucleo2* de la région d'ADN est totalement absente chez toutes les souches examinées.

IV. Discussion et conclusions

Escherichia coli est la bactérie Gram-négatif la plus répandue de la flore fécale de l'Homme qui abrite généralement le colon comme un commensal inoffensif. Des propriétés particulières permettent à *E. coli* de surmonter les mécanismes de défense de l'hôte dans un nouvel environnement et sont aussi nécessaires pour passer à de nouveaux milieux dépourvus de la compétition avec d'autres espèces bactériennes (Eisenstein et Jones, 1988).

Chez *E. coli*, la virulence résulte de l'impact cumulé d'un ou de plusieurs facteurs de virulence qui servent à distinguer entre les souches potentiellement pathogènes et celle commensales et inoffensives de l'intestin.

Le principal objectif de la recherche des propriétés virulentes d'un agent pathogène est le développement d'interventions anti-facteurs de virulence (comme les vaccins) pour prévenir une infection.

Les insectes domestiques associés avec les excréments d'animaux et les ordures tels que les blattes et les mouches ont été considérés comme un moyen potentiel de la dissémination dans l'environnement, des agents pathogènes et virulents comme *E. coli* O157 : H7.

Des études ont montrées que des souches d'*E coli* O157 : H7 ingérées par les mouches domestiques restent viables dans les excréments de la mouche domestique et que cette dernière est capable de porter et de disséminer *E. coli* durant plusieurs jours (Kobayashi et *al.*, 1999).

Au Japon, les mouches domestiques ont été impliquées dans la transmission d'*E coli* O157 : H7 des réservoirs animaux vers l'Homme et les animaux (Moriya et *al.*, 1999).

Comme nous l'avons vu dans la partie revue bibliographique, la toxine Stx_2 a des caractéristiques toxiques sur les lignes cellulaires Vero et est codifiée par un gène existant dans un bactériophage appelé 933W (O'Brien et *al.*, 1984).

Aussi c'est une étude d'intérêt particulier le fait que ce gène est codifié par un bactériophage ce qui devient un modèle excellent d'étude de la mobilité de ce type de gène entre les différentes populations et le rôle que peuvent jouer les bactéries lysogéniques comme réservoirs de gènes qui, en un moment déterminé peuvent mobiliser et provoquer l'émergence de nouveaux pathogènes.

Le gène Stx_2 recherché par PCR n'a été trouvé chez aucune de nos souches d'*E. coli* examinées, pendant qu'il a été détecté chez la souche de contrôle-positif. Ce résultat est expliqué par le fait que nos souches proviennent d'un environnement non hospitalier (des quartiers), aussi elles ne proviennent ni de prélèvements cliniques ni de patients infectés.

Quant à l'aérobactine (un autre facteur de virulence chez *E. coli*), a été trouvé seulement chez l'une de nos souches d'*E. coli*. Cette souche est isolée de la mouche domestique provenant du quartier Banimakada.

L'aérobactine est produite par 40% des souches d'*E. coli*. En plus, les souches d'*E. coli* entéropathogéniques isolées d'animaux domestiques expriment le gène aérobactine (Williams and Roberts, 1985).

Le genre *Klebsiella* est très connu chez la majorité des cliniciens comme le principal agent causant la pneumonie bactérienne qui provoque un haut taux de mortalité en absence du traitement (Carpenter, 1990).

Toutefois la majorité des infections à *Klebsiella* sont associés à l'hospitalisation. Les infections nosocomiales sont causées principalement par *Klebsiella pneumoniae*. Dans certains cas *Klebsiella oxytoca* a été isolée des prélèvements cliniques humains.

Chez le genre *Klebsiella*, la production d'aérobactine a été démontrée. Les isolats de *Klebsiella* aérobactine-positifs, indépendamment de l'espèce ou de la source d'isolement, ont été rarement observées (Podschun et *al.,* 1992). En revanche, une association entre synthèse d'aérobactine et la virulence des souches de *Klebsiella* a été démontrée.

Dans l'étude de Nassif et Sansonetti (1986), le gène d'aérobactine a été cloné à partir des plasmides des souches de sérotypes K1 et K2 de *K. pneumoniae* et transféré à une souche non virulente (sidérophore-négative). La souche mutante alors présentait une virulence améliorée chez les souris. Le système d'absorption de fer de l'aérobactine serait donc un indicateur contribuant à la pathogénicité du genre *Klebsiella*.

Dans notre étude, le gène aérobactine a été détecté via PCR chez seulement la souche de contrôle et chez l'une de nos souches de _Klebsiella_ sp. Cette souche est isolée de la mouche domestique provenant du quartier Val fleuri.

Le LPS (Lipopolysaccharide) intervient au cours des infections graves causées par les bactéries Gram-négatif et est responsable de plusieurs manifestations toxiques (Branderburg et Wiese, 2004).

Le noyau a également certaines propriétés antigéniques. Il agit comme récepteur des bactériophages et est impliqué dans la liaison du LPS aux lymphocytes (Jirillo et _al.,_ 1990).

Le rôle possible du noyau du LPS dans la pathogénicité ou dans l'adaptation à plusieurs sites de l'hôte est suggéré par la prévalence des types des noyaux chez des isolats cliniques.

Dans notre travail, on a essayé d'isoler génétiquement, parmi les espèces de _Klebsiella_ rencontré, les souches ayant le type I du noyau du LPS (Noyau 1) ou le type II (Noyau 2).

Aucun type du noyau de LPS étudié antérieurement n'a été trouvé chez nos isolats de _Klebsiella_ sp.

En résumé, dans notre étude, les isolats d'_E. coli_ et de _Klebsiella_ sp. provenant des deux espèces d'insectes étudiés apparaissent être peu ou non virulents ce qui facilite leur traitement.

CONCLUSIONS ET PERSPECTIVES

CONCLUSION ET PERSPECTIVES

Periplaneta americana et *Musca domestica* se trouvent souvent en association intime avec l'Homme, et vivent dans les maisons, les restaurants, les hôpitaux, etc. Elles sont très abondantes dans les aires urbaines et rurales lorsque les conditions non hygiéniques y prédominent, et sont peu nombreuses quand les conditions sanitaires sont renforcées (Greenberg, 1973 Baker, 1981; Oothuman et *al.,* 1989). A cause de leur association à l'environnement humain, ces deux espèces d'insectes peuvent se contacter accidentellement et acquérir de nombreux agents pathogènes pour l'Homme. Ces pathogènes peuvent être, par la suite, transmis à l'Homme *via* les surfaces ou les aliments contaminés (Roth et Willis, 1957 ; Oothman et *al.,* 1977; Cloarec et *al.,* 1992; Rivault et *al.,* 1993; Graczyk et *al.,* 2001).

D'une manière générale, nous avons noté que les concentrations des bactéries isolées ne sont pas les mêmes ni entre les différents quartiers ni même entre les deux espèces d'insectes. En effet, nos résultats montrent clairement qu'il y avait une différence significative entre les charges bactériennes que portent les blattes américaines et les mouches domestiques. Aussi, nous avons trouvé des différences significatives entre les charges bactériennes des six quartiers d'étude. Le quartier Banimakada enregistre les plus hautes concentrations bactériennes chez ces deux insectes. Alors que les plus faibles nombres de bactéries sont trouvés dans les quartiers Val fleuri, Charf et Place Mozart.

Dans un deuxième temps, nous avons défini le profil microbiologique des blattes américaines et des mouches domestiques provenant des six quartiers de notre ville, par l'identification des souches bactériennes isolées des corps d'insectes capturés. D'après cette analyse, 251 bactéries pathogènes ou potentiellement pathogènes ont été portées par la surface externe des deux espèces d'insectes, dans les six quartiers de Tanger. Il s'agit de bacilles à Gram-négatif, avec 16 genres et 31 espèces, des Staphylocoques et des Entérocoques, avec 5 espèces chaque groupe. Nous n'avons trouvé aucune différence significative pour les espèces bactériennes isolées de ces insectes. Aussi, les bactéries prédominantes étaient *Escherichia coli, Klebsiella* sp., *Providencia* sp., *Staphylococcus* sp. et *Enterococcus* sp. Des espèces de *Salmonella* ont été également isolées de *P. americana* et de *M. domestica.*

En outre, les six quartiers étudiés n'avaient pas le même profil microbiologique, et les quartiers Banimakada et Bendiban regroupent une variabilité d'espèces bactériennes plus importante par rapport aux autres quartiers.

Ensuite, nous avons étudié la sensibilité des bactéries isolées de blattes américaines et de mouches domestiques dans les six quartiers de Tanger. Les résultats obtenus montrent que les bacilles Gram-négatif étaient sensibles aux carbapénèmes et aux aminoglycosides. Egalement, les Staphylocoques étaient trouvés sensibles à la linézolide, la vancomycine, la daptomycine, la levofloxacine et la cotrimoxazole. Les isolats d'Entérocoques ne présentent aucune résistance aux antibiotiques testés.

Finalement et afin de déterminer le degré de virulence de certaines bactéries rencontrées, nous avons recherché *via* l'amplification de gènes par la réaction de PCR, certains facteurs de virulence des isolats d'*E. coli* et de *Klebsiella* sp. portés par les insectes étudiés. Les résultats obtenus indiquent que toutes nos souches d'*E. coli* étaient non porteuses du gène codifiant la toxine Stx_2. Alors qu'un seul isolat d'*E. coli* provenant de la mouche domestique du quartier Banimakada est trouvé porteur du gène d'aérobactine. De même, les souches de *Klebsiella* sp. ne possèdent ni le type 1 du noyau de LPS ni le type 2, mais possèdent probablement un autre type de noyau non encore déterminé par des travaux antérieurs. Toutefois, nous avons pu isoler durant notre étude une souche de *Klebsiella* aérobactine-positive provenant de la mouche domestique du quartier Val fleuri.

L'ensemble des résultats rapportés dans ce mémoire indique que *P. americana* et *M. domestica* peuvent être des vecteurs de bactéries pathogènes dans les quartiers de Tanger, et pourraient également causer des infections dans la région, puisque l'agent infectieux peut provenir d'une souche non virulente par l'incorporation de gènes codifiant différents facteurs de virulence. Ceci est possible grâce à l'existence des éléments génétiques mobiles comme les plasmides et les bactériophages.

Toutefois, il serait facile de les traiter du fait que d'une part les bactéries en cause sont trouvées fortement sensibles aux antibiotiques d'usage routinier que se soit dans la Communauté ou à l'hôpital et d'autre part elles sont peu ou non virulentes.

D'ailleurs, on peut conclure des résultats de notre étude, à l'instar d'autres études antérieures, que dans une région où les statistiques épidémiologiques ne sont pas disponibles, les études microbiologiques de ces insectes domestiques peuvent fournir d'importantes informations épidémiologiques (Echeverria et *al.*, 1983 ; Khalil et *al.*, 1994). Par conséquent, ces deux espèces d'insectes peuvent servir comme un outil épidémiologique de surveillance des conditions sanitaires et hygiéniques d'un milieu donné (Fotedar et *al.*, 1982; Fotedar et Banerjee, 1992 ; Sramova et *al.*, 1992).

Toutefois, d'autres études supplémentaires restent envisageables :

- Pour l'identification des espèces bactériennes, on aurait pu faire appel à des techniques plus sensibles et spécifiques de biologie moléculaire (amplification génétique (PCR) et le séquençage de certains gènes).

- L'étude serait à élargir à d'autres espèces d'insectes domestiques (autres espèces de mouches et de blattes) pour permettre de déterminer les indicateurs les plus fiables et/ou « fidèles » de l'état d'hygiène et du degré de contamination des quartiers étudiés.

- Il aurait été aussi intéressant d'étendre l'étude sur d'autres quartiers de la ville de Tanger et de noter ainsi les grandes variabilités rencontrées.

- Dans le cadre épidémiologique, la collecte des données complètes sur les infections touchant les quartiers de la ville de Tanger serait essentielle pour essayer de trouver un rapport entre ces maladies et les germes portés par les insectes des sites en question. Cela bien sûr ne saurait se concrétiser sans le concours des établissements de Santé notamment la Délégation de la Santé Publique.

- Enfin, une étude approfondie d'autres mécanismes de pathogénicité des bactéries que nous avons isolées d'insectes est recommandée.

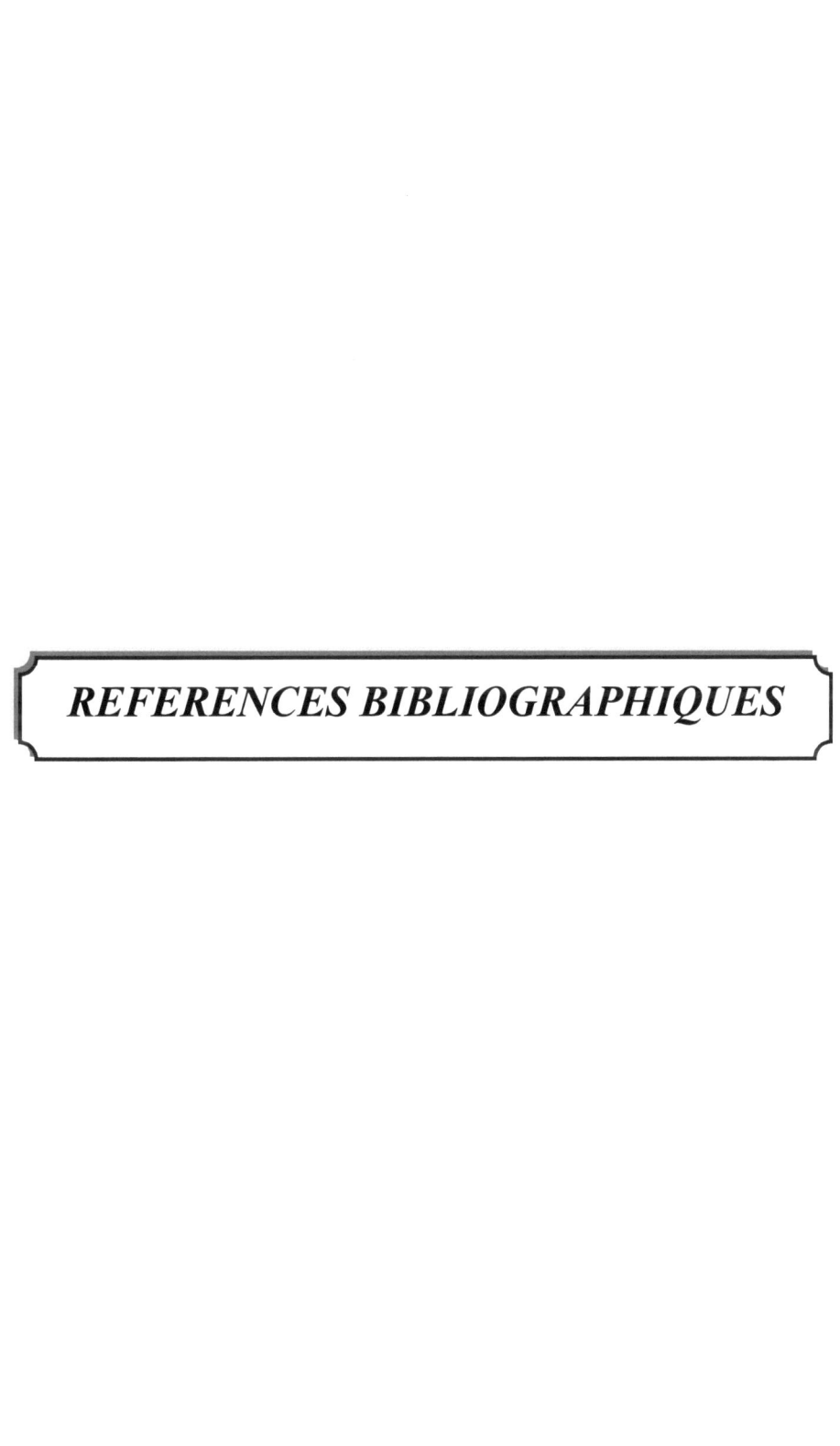

REFERENCES BIBLIOGRAPHIQUES

RÉFÉRENCES BIBLIOGRAPHIQUES

*A*ppel AG. (1997). Nonchemical approaches to cockroach control. *Journal of Economic Entomology*, 14: 271-280.

Ash N. et Greenberg B. (1980). Vector potential of the German cockroach (Dictyoptera: Blattellidae) in dissemination of *Salmonella enteritidis* serotype Typhimurium. *J. Med. Entomol.*, 17:417-23.

Ashworth J.R. et Wall R. (1994). Responses of the sheep blowflies *Lucilia sericata* and *L.cuprina* to odour and the development of semiochemical baits. *Med. Vet. Entomol.*, 8: 303-309.

Axtell R.C. et Arends J.J. (1990). Ecology and management of arthropod pests of poultry. *Ann. Rev. Entomol.*, 35: 101-126.

*B*agg A. et Neilands J. B. (1987). Molecular mechanism of regulation of siderophore mediated iron assimilation. *Microbiol. Rev.*, 51: 509-518.

Baker LA. (1981). Pests in hospitals. *J. Hosp. Infect.*, 2: 5-9.

Barcay S. J. (2004). Cockroaches. In Moreland, D. [Ed.], Handbook of Pest Control. Mallis. 9th Ed. GIE Media, Inc., Cleveland.

Bell W. J. et Adiyodi. K. G. (1981). The American Cockroach. Chapman and Hall Ltd. New York.

Benjamin W. H., Turnbough C. L., Posey B. S. et Briles D. E. (1985). The ability of *Salmonella typhimurium* to produce the siderophore enterobactin is not a virulence factor in mouse typhoid. *Infect. Immun.*, 50:392–397.

Bernton H. S., McMahon R. F. et Brown H. (1972). Cockroach asthma. *Brit. J. Dis. Chest.*, 66: 61-66.

Betke P., Hiepe T., Müller P., Ribbeck R., Schultka H. et Schumann H. (1989). Biological control by means of *Ophyra aenescens* of *Musca domestica* on pig farming units. *Monatsh. Veterinärmed.*, 44: 842-844.

Bidawid S.P., Edeson J.F.B., Ibrahim J. et Matossian R.M. (1978). The role of non-biting flies in the transmission of enteric pathogens (*Salmonella* species and *Shigella* species) in Beirut, Lebanon. *Ann. Trop. Med. Parasitol.*, 72: 117-121.

Bignall D.E. (1977). Some observations on the distribution of gut flora in the American cockroach *Periplaneta Americana*. *J. Invertebr. Pathol.*, 29:338-343.

Black J. G. (1999). Microbiology, Principles and Explorations, 4th Ed. Prentice Hall, Upper Saddle River, NJ.

Blanco M., Blanco J.E., Dahbi G., Alonso A.P., Mora A., Coira M.A., Madrid C., Juarez A., Bernardez M.I., Gonzalez E.A. et Blanco J. (2006). Identification of two new intimin types in atypical enteropathogenic *Escherichia coli*. *Int. Microbiol.*, 9: 103-110.

Borg M. A., Kraker M., Scicluna E., Bruinsma N.S., Tiemersma E., Monen J. et Valenzuela A. S., Ben Omar N., Abriouel H., López R. L., Ortega E., Cañamero M. M. et Gálvez A. (2008). Risk factors in *enterococci* isolated from foods in Morocco: Determination of antimicrobial resistance and incidence of virulence traits. *Food Chem. Toxicol.* doi,:10 : 04-021.

Bouamama L., Lebbadi M. et Aarab A. (2007). Bacteriological analysis of *Periplaneta americana* L. (Dictyoptera; Blattidae) and *Musca domestica* L. (Diptera; Muscidae) in ten districts of Tangier, Morocco. *Afr. J. Biotech.*, 6:2038-2042.

Boulesteix G., Le Dantec P., Chevalier B., Dieng M., Niang B. et Diatta B. (2005). Role of *Musca domestica* in the transmission of multiresistant bacteria in the centres of intensive care setting in sub-Saharan Africa. *Ann. Fr. Anesth. Reanim.*, 24: 361–365.

Boyce T.G., Swerdlow D.L. et Griffin P.M. (1995). *Escherichia coli* O157 :H7 and haemolytic uremic syndrome. *New Eng. J. Med.*, 333: 364-368.

Brandenburg K. et Wiese A. (2004). Endotoxins: relationship between structure, function and activity. Curr. Top. Med. Chem., 4: 1127- 1146.

Branscome D.D. (2004). Interactions of enteric bacteria with american cockroaches (*Periplaneta americana*) and pharaon ants (*Monomorium pharaonis*). University of Florida, Florida, United states.

Brenner D. J., Krieg N. R. et Staley J. R. (2005). Bergey's Manual of systematic Bacteriology. Vol. 2. Proteobacteria. Ed. George M. Garrity. Springer. USA.

Brenner R. J., Koehler P. G. et Patterson R. S. (1987). Health implications of cockroach infestations. *Infec. Med.*, 4: 349-358.

Brenner R.J., Barnes K.C., Helm R.M. et Williams L.W. (1991). Modernized society and allergies to arthropods. *American. Entomologist.*, 143-155.

Brown C. J. (1997). Houseflies and Helicobacter pylori. *Can Med Assoc J.*, 157, 130-133.

Bryan F.L. (1979). Infections and intoxications caused by other bacteria. In "Foodborne Infections and Intoxications," 2nd ed., ed. H. Riemann and F.L. Bryan, pp. 816-827. Academic Press, Inc. N.Y.

Burgess N.R.H. et Chetwyn K.N. (1981). Association of cockroaches with an outbreak of dysentery. *Trans.R.Soc.Trop.Med.Hyg.*, 75: 332-333.

Burgess N.R.H., McDermott S.M. et Whiting J. (1973). Aerobic bacteria occurring in the hindgut of the cockroach *Blatta orientalis*. *J.Hyg.Camb.*, 71:1-7.

Burgess NRH. et Chetwyn KN. (1979). Cockroach and the hospital environment. *Nursing Times.* Contact 5.

Burgess NRH. (1974). The potential of cockroaches as vectors of pathogenic organisms. Ph.D.

Burgess, NRH. (1978). The cockroach as a health hazard. Proceedings of the 9th Annual Symposium, Infecrirm Con& London: Nurses Association, pp. 31-33.

*C*arlson D.A., Mayer M.S., Silhacek D.L., James J.D., Beroza M. et Beirl B.A. (1971). Sex attractant pheromone of the housefly: isolation, identification and synthesis. *Science*, 174: 76-78.

Carpenter J. L., 1990. *Klebsiella* pulmonary infections: occurrence at one medical center and review. Rev. Infect. Dis., 12:672–682.

Chapman J.W., Knapp J.J. et Goulson D. (1999). Visual responses of *Musca domestica* to pheromone impregnated targets in poultry units. *Med. Vet. Entomol.*, 13: 132-138.

Chapman P.A. (1985). The resistance to eighteen toxicants of a strain of *Musca domestica* L. collected from a farm in England. *Pestic. Sci.*, 16: 271-276.

Chow YS. et Yang HT. (1990). The application of sex pheromones and juvenile hormone analogs on cockroaches. *Gaoxiong Yi Xue Ke Xue Za Zhi.* 6:389-401.

Clinical and Laboratory Standards Institute (2007). Performance standards for antimicrobien susceptibility testing; seventeenth informational supplement. CLSI publication M100-S17. Wayne, Pa.

Cloarec A., Rivault C., Fontaine F. et LeGuyader A. (1992). Cockroaches as carriers of bacteria in multi-family dwellings. *Epidemiol. Infect.*, 109:483-490.

Cochran DG. (1995). Toxic effects of boric acid on the German cockroach. *Experientia.* 6: 561-563.

Cochran DG., Grayson JM. et Gurney A B. (1980). Cockroaches: Biology and control cockroaches (Dictyoptera: Blattidae). *J. Econ. Entomol.*, 89: 4202-4210.

Collee J. G., Fraser A. G., Marmion B. P. et Simmons A. (1996). Practical Medical Microbiology, 14th Edn. New York: Churchill Livingstone.

Cornwell P B. et Mendes M. F. (1981). Disease organisms carried by Oriental cockroaches in relation to acceptable standards of hygiene. *International Pest Control.* 23: 72–74.

Cornwell P B. (1968). The Cockroach, Volume I. A Laboratory Insect and an Industrial Pest. The Rentokil Library. London.

Cornwell P B. (1976). The Cockroach, Volume II. Insecticides and Cockroach Control. The Rentokil Library. London.

Cossé A.A. et Baker T.C. (1996). House flies and pig manure volatiles: wind tunnel behavioral studies and electrophysiological evaluations. *J. Agric. Entomol.*, 13: 301-317.

Cotton M.F., Wasserman E., Pieper C.H., Theron D.C., van Tubbergh D., Campbell G., Fang F.C. et Barnes J. (2000). Invasive disease due to extended spectrum beta-lactamase-producing *Klebsiella pneumoniae* in a neonatal unit: the possible role of cockroaches. *J. Hosp. Infect.*, 44, 13–17.

Craven S.E., Stern N.J., LINE E., Bailet J.S, Cox N.A. et Fedorka-Cray P. (2000). Determination of the incidence of *Salmonella* spp., *Campylobacter jejuni*, and *Clostridium perfringens* in wild birds near broiler chicken houses by sampling intestinal droppings. *Avian Diseases*, 44: 715-720.

Cryz S. J., Mortimer P. M., Mansfield V. et Germanier R. (1986). Seroepidemiology of *Klebsiella* bacteremic isolates and implications for vaccine development. *J. Clin. Microbiol.*, 23:687-690.

Currie C. G. et Poxton I. R. (1999). The lipopolysaccharide core type of *Escherichia coli* O157:H7 and other non-O157 verotoxin-producing *E. coli*. FEMS *Immunol. Med. Microbiol.* 24:57-62.

Davis B.R., Fanning G.R., Madden J.M., Steigerwalt A.G., Bradford H.B., Smith H.L. et Brenner D.F. (1981). Characterization of biochemically atypical *Vibrio cholerae* strains and designation of a new pathogenic species, *Vibrio mimicus. J. Clin. Microbiol.*, 14: 631-639.

De Lorenzo, V. et Martinez J. L. (1988). Aerobactin production as a virulence factor: a reevaluation. *Eur. J. Clin. Microbiol. Infect. Dis.*, 7:621-629.

DENIS P., MEUNIER O. et BIENTZ M. (1999). Les blattes et l'hygiène hospitalière. *Hygiène S.*, 2: 117-21.

Devi S J. et Murray CJ. (1991). Cockroaches (*Blatta* and *Periplaneta* species) as reservoirs of drug-resistant *salmonellas. Epidemiol Infect.*, 2: 357-361.

Di Martino P., Livrelli V., Sirot D., Joly B. et Darfeuille-Michaud A. (1996). A new fimbrial antigen harbored by CAZ-5/SHV-4-producing *Klebsiella pneumoniae* strains involved in nosocomial infections. *Infect. Immun.*, 64:2266–2273.

Ebeling W. (1978). Urban entomology. pp. 217-244. Univ. Calif., Berkeley,

California.

Echeverria P., Harrison B.A., Tirapat C. et McFarland A. (1983). Flies as a source of enteric pathogens in a rural village in Thailand. *Appl. Environ. Microbiol.*, 46: 32–36.

Edwards P. R. et Ewing W. H. (1986). Identification of Enterobacteriaceae, 4th ed. Burgess Publishing Co., Minneapolis, Minn.

Eisenstein B. I. et Jones G. W. (1988). The spectrum of infections and pathogenic mechanisms of *Escherichia coli*. *Adv. Intern. Med.*, 33:231-252.

Elgderi R.M., Ghenghesh K. S. et Berbash N. (2006). Carriage by the german cockroach (*Blattella germanica*) of multiple-antibiotic-resistant bacteria that are potentially pathogenic to humans, in hospitals and households in Tripoli, Libya. *Ann. Trop. Med. Parasitol.* 100: 55-62.

Elliot M., Janes N.F. et Potter C. (1978). The future of pyrethroids in insect control. *Ann. Rev. Entomol.*, 23: 443-469.

Estahbanati HK., Kashani PP. et Ghanaatpisheh F. (2002). Frequency of *Pseudomonas aeruginosa* serotypes in burn wound infections and their resistance to antibiotics. Burns. 4: 340-8.

***F*armer J.J., Hickman-Brenner F.W. et Kelly M.J. (1985).** Vibrio. In "Manual of Clinical Microbiology" 4th ed., ed. E.H. Lennette, A. Balows, W.J. Hausler Jr., and H.J. Shadomy, pp. 282. American Society for Microbiology, Washington, D.C.

FDA-CFSAN. (2003). Foodborne Pathogenic Microorganisms and Natural Toxins Handbook: The "Bad Bug Book." Center for Food Safety and Applied Nutrition, Food and Drug Admin., College Park, Md.

Fischer O., Mátlová L., Dvorská L., Švástová J., Bartl P., Melichárek I., Weston RT. et Pavlík I. (2001). Diptera as vector of mycobacterial infections in cattle and pigs. *Med Vet Entomol.* 15: 208-211.

Fotedar R, Nayar E, Samantray JC. et al. (1989). Cockroaches as vectors of pathogenic bacteria. *J. Commun. Dis.*, 21: 318-322.

Fotedar R. et Banerjee U. (1992). Nosocomial fungal infections-study of the possible role of cockroaches (*Blattella germanica*) as vectors. *Acta Trop.*, 4: 339-43.

Fotedar R. (1989). Role of arthropods (cockroaches and houseflies) in hospital associated wound infections. Ph.D. thesis, All India Institute of Medical Sciences, New Delhi, India.

Fotedar R. (2001). Vector potential of houseflies (*Musca domestica*) in the transmission of *Vibrio cholerae* in India. *Acta Trop.*, 1:31-34.

Fotedar R., Banarjee U., Samantray J.C. et Shriniwa S. (1982). Vector potential of hospital house flies with special reference to *Klebsiella* species, *Epidemiol. Infect.*, 109:143–147.

Fotedar R., Banerjee U., Samantary JC. et Shriniwas (1992a). Vector potential of hospital houseflies with special reference to *Klebsiella* species. Epidemiol. Infect., 109: 143–147.

Fotedar R., Banerjee U., Singh S., Shriniwas et Verma AK. (1992b). The housefly (*Musca domestica*) as a carrier of pathogenic microorganism in a hospital environment. J. Hosp. Infect. 20: 209-215.

Fotedar R., Shriniwas U.B. et Verma A. (1991b). Cockroaches (*Blattella germanica*) as carriers of microorganisms of medical importance in hospitals. *Epidemiol. Infect.* 107: 181-187.

Fotedar R., Shriniwas U.B., Banerjee U., Samantray J.C., Nayar E. et Verma A. (1991a). Nosocomial infections: cockroaches as possible vectors of drugresistant

Klebsiella. J. Hosp. Infect., 18: 155-159.

Fukushima H., Ito Y., Saito K., Tsubokura M. et Otsuki K. (1979). Role of the fly in the transport of *Yersinia enterocolitica. Appl Environ Microbiol.* 5:1009-1010.

Geden C. J. (1997). Development models for the filth fly parasitoids *Spalangia gemina, Spalangia cameroni,* and *Muscidifurax raptor* (Hymenoptera: Pteromalidae) under constant and variable temperatures. Biol. Control., 9:185–192.

*G*etachew S., Gebre-Michael T., Erko B., Balkew M. et Medhin G. (2007). Non-biting cyclorrhaphan flies (Diptera) as carriers of intestinal human parasites in slum areas of Addis Ababa, Ethiopia. *Acta Trop.*, 3:186-194.

Graczyk T. K., Knight R. et L. Tamang. (2005). Mechanical transmission of human protozoan parasites by insects. *Cl. Microbiol. Rev.*, 18: 128-132.

Graczyk T. K., Knight R., Gilman R. H. et Cranfield M. R. (2001). The role of non biting flies in the epidemiology of human infectious diseases. *Microb. Infect.* 3: 231-235.

Graczyk TK., Cranfield MR., Fayer R. et Bixler H. (1999). Houseflies (*Musca domestica*) as transport hosts of *Cryptosporidium parvum. Am J Trop Med Hyg.*, 61: 500-504.

Graczyk TK., Fayer R., Knight R., Mhangami-Ruwende B., Trout JM., Da Silva AJ. et Pieniazek NJ. (2000). Mechanical transport and transmission of *Cryptosporidium parvum* oocysts by wild filth flies. *Am J Trop Med Hyg.*, 63: 178-183.

Graf J.F. (1993). The role of insect growth regulators in arthropod control. *Parasitol. Today* 9: 471-474.

Greenberg B. (Ed.) (1973). Flies and Disease Vol II, Biology and Disease Transmission, Princeton University Press, Princeton, NJ.

Greenberg B. (Ed.) (1971). Flies and Disease Vol I, Ecology, Classification, and Biotic Associations, Princeton University Press, Princeton, NJ.

Greene G.L., Guo Y. et Chen H. (1998). Parasitization of house fly pupae (Diptera: Muscidae) by *Spalangia nigroaenea* (Hymenoptera: Pteromalidae) in cattle feedlot environments. *Biological Control*, 12: 7-13.

Gregorio S.B., Nakao J.C. et Beran G.W. (1972). Human enteroviruses in animals and arthropods in central Philippines, Southeast Asian. *J. Trop. Med. Pub. Hlth.*, 3: 45-51.

Griffiths E., Chart H. et Stevenson P. (1988). High-affinity iron uptake systems and bacterial virulence, p. 121-137. In J. A. Roth (ed.), Virulence mechanisms of bacterial pathogens. *American Society for Microbiology, Washington, D.C.*

Grundmann H. (2007). Prevalence of methicillin-resistant *Staphylococcus aureus* (MRSA) in invasive isolates from southern and eastern Mediterranean countries. *J. Antimicrob. Chemother*, 60: 1310-1315.

*H*anssens E.J. (1963). Fly populations in dairy barns. *J. Econ. Entomol.*, 56: 842-844.

Harwood RF. et James MT. (1979). Entomology in Human and Animal Health, ed. 7. New York: MacMillan.

Healing T.D., Greenwood M.H. et Pearson A.D. (1992). *Campylobacters* and *enteritis. Rev. Med. Micro.*, 3:159-167.

Heinrichs D. E., Yethon J. A. et Whitfield C. (1998). Molecular basis for structural diversity in the core regions of the lipopolysaccharides of *Escherichia coli* and *Salmonella enterica*. Mol. Microbiol., 30:221–232.

Hewitt C.G. (1910). The house fly. A study of its structure, development, bionomics and economy. Edited by Sherratt and Hughes, University Press, Manchester.

Hogsette J.A. et Jacobs R.D. (1999). Failure of *Hydrotaea aenescens*, a larval predator of the housefly, *Musca domestica*, to establiesh in wet poultry manure on a commercial farm in Florida, USA. *Med. Vet. Entomol.*, 13: 349-354.

Holmes B., Gross RJ. (1990). Coliform bacteria: various other members of the Enterobacteriacae. In: Parker MT, Duerden BI, eds. Principles of Bacteriology, Virology and Immunity. Volume 2. VIII ed. Lon don: Ed ward Ar nold, 421-426.

Howard J. et Wall R. (1996a). Autosterilization of the house fly, *Musca domestica*, using the chitin synthesis inhibitor triflumuron on sugar-baited target. *Med. Vet. Entomol.*, 10: 97-100.

Howard J. et Wall R. (1996b). Control of the house fly, *Musca domestica*, in poultry units: current techniques and future prospects. *Agric. Zool. Rev.*, 7: 247-265.

Iwahi T., Abe Y., Nakao M., Imada A. et Tsuchiya K. (1983). Role of type 1 fimbriae in the pathogenesis of ascending urinary tract infection induced by *Escherichia coli*. *Infect. Immun.*, 39:1307–1315.

Jacques M. (1996). Role of lipo-oligosaccharides and lipopolysaccharides in bacterial adherence. Trends in Microbiology, 4: 408- 410.

Jirillo E., De Simone C., Covelli V., Kiyono H., McGhee J.H. et Antonaci S. (1990). LPS-mediated triggering of T-lymphocites in immune response against gram-negative bacteria. Adv. Exp. Med. Biol., 256: 417- 425.

Johnson C., Bishop A.H. et Turner C.L. (1998). Isolation and activity of strains of *Bacillus thuringiensis* toxic to larvae of the housefly (Diptera: Muscidae) and tropical blowflies (Diptera: Calliphoridae). *J. Invertebr. Pathol.*, 71: 138-144.

Kamal A.M. (1974). The seventh pandemic of Cholera. In: Barua, D., Burrows, W.(Eds.), Cholera. Saunders, Philadelphia.

Kang B. et Chang J. L. (1985). Allergenic impact of inhaled arthropod material. *Clin. Rev. Allergy.* 3:363-375. In E. P. Benson, and P. A. Zungoli. Cockroaches. In Moreland, D. [Ed.], Handbook of Pest Control, Mallis, 8th Ed. Mallis Handbook & Technical Training Company, Cleveland.

Kang B. (1976). Study on cockroach antigen as a probable causative agent in bronchial asthma. *J. Allergy Clin. Immunol.* 58: 357-365.

Kaper J. B., Nataro J. P. et T. Mobley H. L. (2004). Pathogenic *Escherichia coli*. Nature Reviews: Microbiology. 2:123-138.

Kelly M.T., Hickman-Brenner F.W. et Farmer J.J. (1992). Vibrio. In: Lennette E.H., Balows A., Hausler W.J., Jr. Hermann K.L., Isenberg H.D., Shadomy H.J. (Eds.), Manual of Clinical Microbiology, fifth ed. American Society for Microbiology, Washington, DC, pp. 384-395.

Kesah C., Ben Redjeb S., Odugbemi1 T. O., Boye C. S. B., Dosso M., Ndinya Achola J.O., Koulla-Shiro S., Benbachir M., Rahal K. et Borg M. (2003). Prevalence of methicillin-resistant *Staphylococcus aureus* in eight African hospitals and Malta. *Clin. Microbiol. Infect.*, 9: 153–156.

Keusch G.T., Donahue-Rolfe A. et Jacewicz M. (1985). *Shigella* toxin and the pathogenesis of shigellosis. In "Microbial Toxins and Diarrheal Diseases," ed. E. Evered and J. Whelan, p. 193. Ciba Foundation Symp. 112. Pitman Pub. Ltd., London.

Khalil K., Lindblom G.B., Mazhar K. et Kaijsher B. (1994). Flies and water as reservoirs for bacterial enteropathogens in urban and rural areas in and around Lahore, *Pakistan, Epidemiol. Infect.*, 113: 435-444.

Kim H. J. et Zong M. S. (1974). A microbiological study on the cockroaches collected from houses. *Korean J. Publ. Health* 11: 122-125.

Kim K., Jeon J. H. et Lee D. K. (1995). Various pathogenic bacteria on German cockroaches (Blattellidae, Blattaria) collected from general hospitals. *Korean J. Entomol.* 25: 85-88.

King B.H. (1997). Effects of age and burial of house fly (Diptera: Muscidae) pupae on parasitism by *Spalangia cameroni* and *Muscidifurax raptor* (Hymenoptera: Pteromalidae). *Environ. Entomol.* 26: 410-415.

Kobyashi M., Sasaki T., Saito N., Tamura K., Suzuki K., Watanabe H. et Agui N., 1999. Houseflies : not simple mechanical vectors of enterohemorhagic *Escherichia coli* O157:H 7. *Am. J. Trop. Med. Hyg.* 61: 625-629.

Koura E.A. et Kamel E.G. (1990). A study of the protozoa associated with some harmful insect in the local environment. *J. Egypt Soc. Parasitol.*, 20: 105-115.

***L*earmount J., Chapman P.A., Morris A.W. et Pinniger D.B. (1996).** Response of strains of housefly, *Musca domestica* (Diptera: Muscidae) to commercial bait formulations in the laboratory. *Bull. Ent. Res.* 86: 541-546.

Lebeck L. M. (1991). A review of the Hymenopterous natural enemies of cockroaches with emphasis on biological control. *Entomophaga*, 36: 335-352.

LeGuyader A., Rivault C. et Chaperon J. (1989). Microbial organisms carried by brown-banded cockroaches in relation to their spatial distribution in a hospital. *Epidemiol Infect.*, 102:485-492.

Leung A. H., Peiris J.S., Ng W.W., Robins-Browne R. M., Bettelheim K.A. et Yam W. C. (2003). A newly discovered verotoxin variant, VT2g, produced by bovine verocytotoxigenic *Escherichia coli*. *Appl. Environ. Microbiol.*, 69: 7549-7553.

Levine M. M. (1987). *E. coli* that cause diarrea: enterotoxigenic, enteropathogenic, enteroinvasive, enterohemorragic and enteroadherent. *J. Infect. Dis.*, 155: 377-389.

Levine O.S. et Levine M.M. (1991). Houseflies (*Musca domestica*) as mechanical vectors of shigellosis. *Rev. Infect. Dis.*, 13: 688-696.

Lindquist D.A., Abusowa M. et Hall M.J.R. (1992). The New World screw worm fly in Libya: a review of its introduction and eradication. *Med. Vet. Entomol.*, 6: 2-8.

Maniatis, T., Fritsch, E.F., Sambrook, J. (1982). Molecular Cloning: a laboratory manual. Cold Spring Harbor Laboratory Press, Cold Spring Harbor, New York.

***M*anson-Bahr P. (1919).** Bacillary dysentery. *Trans. R. Soc. Trop. Med. Hyg.*, 13:64-82.

Margall N., Dominguez A., Prats G. and Salleras L. (1997). Gastrohemorrhagic *E. coli*. Revista Espanola de Salud Publica. 5: 437-443.

Mariluis JC., Lagar MC. et Bellegarde EJ. (1989). Diseminación de enteroparásitos por Calliphoridae (Insecta, Diptera). Mem Inst Oswaldo Cruz, 84: 349-351.

Martinez J. L., Cercenado E., Baquero F., Pe´rez-Dı´az J. C. et Delgado- Iribarren A. (1987). Incidence of aerobactin production in gram-negative hospital isolates. FEMS *Microbiol. Lett.* 43:351–353.

Moriya K., Fujibayashi T., Yoshihara T., Matsuda A., Sumi N., Umezaki N., Kurahashi H., Agui N., Wada A. et Watanabe H. (1999). Verotoxin-producing *E. coli* O157 : H7 carried by the housefly in *Japan. Med. Vet. Entomol.* 13 : 214-216.

Muhldorfer I., Hacker J., Keusch G.T., Acheson D. W., Tschape H., Kane A.V., Ritter A., Olschlager T. et Donohue-Rolfe A. (1996). Regulation of the Shiga-like toxin II operon in *Escherichia coli. Infect. Immun.*, 64: 495-502.

Mulla M.S., Hwang Y.S. et Axelrod H. (1977). Attractants for synanthropic flies: chemical attractants for domestic flies. *J. Econ. Entomol.*, 70: 644-648.

Mullens B.A., Hinkle N.C. et Szijj C.E. (1996). Impact of alternating manure removal schedules on pest flies (Diptera: Muscidae) and associated predators (Coleoptera: Histeridea, Staphylinidae: Acarina: Macrochelidae) in caged-layer poultry manure in southern California. *J. Econ. Entomol.*, 89: 1406-1417.

Muniesa M. et Jofre J. (1998). Abundance in sewage of bacteriophages that infect *Escherichia coli* O157: H7 and that carry the Shiga toxin 2 gene. *App. Environ Microbiol.*, 64: 2443-2448.

Murray P.R. (1999). Manual of Clinical Microbiology, seventh ed. ASM Press, Washington, DC.

Murvosh C.M. et Thaggard C.W. (1966). Ecological studies of the house fly, Ann. *Entomol. Soc. Am.* 59 533–547.

Nassif X. et Sansonetti P. J. (1986). Correlation of the virulence of *Klebsiella pneumoniae* K1 and K2 with the presence of a plasmid encoding aerobactin. *Infect. Immun.*, 54:603–608.

Nassif X., Fournier J.M., Arondel J. et Sansonetti P.J. (1989). Mucoid phenotype of *Klebsiella pneumoniae* is a plasmid-encoded virulence factor. Infect. Immun., 57: 546-552.

Nataro J.P. et Kaper J.B. (1998). Diarrheagenic *Escherichia coli*. Clin. Microbiol. Rev. 11: 142-201.

Navarro Risueño F., Miró Cardona E. et Mirelis Otero B. (2002). Interpretive reading of the antibiogram of enterobacteria. *Enferm. Infecc. Microbiol. Clin.*, 20: 225-234.

O'Brien A.D. et Kaper J. (1998). Shiga toxin-producing *Escherichia coli*: Yesterday, today and tomorrow. J. Kaper and A.D. B'Brien eds. *Escherichia coli* O157:H7 and other shiga toxin-producing *E. coli*. 1-11. ASM press, Washington, D.C.

O'Brien A.D., Newland J.W., Miller S.F., Holmes R.K., Smith H. et Formal S.B. (1984). Shiga-like toxin-converting phages from *Escherichia coli* strains that cause hemorrhagic colitis or infantile diarrhea. *Science*, 226 : 694-696.

Ofek, I. et Doyle R. J. (1994). Bacterial adhesion to cells and tissues. Chapman & Hall, Ltd., London, United Kingdom.

Olsen A.R. (1998). Regulatory action criteria for filth and other extraneous materials. III. Review of flies and foodborne enteric diseases. *Regulatory Toxicol. Pharmacol.* 28: 199–211.

Oothuman P., Jeffery J., Aziz HA., Baker EA. et Jegathesan M. 1989. Bacterial pathogens isolated from cockroaches transported from paediatric wards in peninsular Malaysia. *Trans. Roy. Soc. Trop. Med. Hyg.*, 83: 133-135.

Oppenoorth F.J. et Van der Pas L.J.T. (1977). Cross-resistance to diflubenzuron in resistant strains of housefly, *Musca domestica. Entomol. Exp. Appl.*, 21: 217-228.

Orden J. A., Dominguez-Bernal G., Martinez-pulgarin S., Blanco M., Blanco J.E., Mora A., Blanco J. et de la Fuente R. (2007). Genomic Diversity of enterohemorragic *Escherichia coli* O157 revealed by whole genome PCR scanning. *Proc. Natl. Acad. Sci.*, 99: 17043-17048.

Orlandella B.M., Foti M., Orlandella V. et Daidone A. (1994). Environmental pollution and infectious diseases. I. Isolation of a new serovar of the *Salmonella* genus, S. V 13. 22: r: from a *Periplaneta americana* cockroach. *G. Batteriol. Virol. Immunol.* 86: 101-115.

Orskov I. et Orskov F. (1984). Serotyping of *Klebsiella. Methods Microbiol.* 14:143– 164.

Ostrolenk M. et Welch H. (1942). The house fly as a vector of food poisoning organisms in food-producing establishments. *Am. J. Public. Health*, 32: 487-494.

Pai H.H., Chen W.C. et Peng C.F. (2003a). Isolation of nontuberculous mycobacteria from nosocomial cockroaches. *J. Hosp. Infect.*, 53: 224-228.

***P*ai H.H., Chen W.C. et Peng C.F. (2004).** Cockroaches as potential vectors of nosocomial infections. *Infect. Control Hosp. Epidemiol.*, 25:979-984.

Pai H.H., Chen W.C. et Peng C.F. (2005). Isolation of bacteria with antibiotic resistance from household cockroaches (*Periplaneta americana* and *Blattella germanica*). *Acta Trop.* 93: 259-265.

Pai H.H., Ko Y.C. et Chen E.R. (2003b). Cockroaches (*Periplaneta americana and Blatella germanica*) as potential mechanical disseminators of *Entamoeba histolytica*. *Acta Trop.* 87: 355-359.

Park C. W., Kim S. D., Lee C. H. et Lee D. K. (2000). Identification of the German cockroach allergens in Korean atopy using SDS-PAGE and Western blot analysis. *Ann. Dermatol.*, 12: 247-251.

Paton   J.C. et Paton A.W. (1998). Pathogenesis and diagnosis of Shiga-toxin producing *Escherichia coli* infections. *Clin. Microbiol. Rev.*, 11: 450-479.

Pearson A.D. et Healing T.D. (1992). The surveillance and control of *campylobacter* infection. Communicable Disease Report. 2:R133-139.

Pickens L.G., Mills G.D., Jr et Miller R.W. (1994). Inexpensive trap for capturing house flies (Diptera: Muscidae) in manure pits of cage-layer poultry houses. *Vet. Entomol.*, 87: 116- 119.

Picone F. J., Strunk R. C. et Colton H. R. (1975). Hypersensitivity to cockroach: Purification of the allergens. 55:107-108.

Pimental D., et Perkins J.H., (1980). Pest Control: Cultural and Environmental Aspects. Boulder, Colorado: Westview Press. pp. 243.

Podschun R. et Ullmann U. (1998). *Klebsiella spp.* as nosocomial pathogens: epidemiology, taxonomy, typing methods, and pathogenicity factors. *Clin Microbiol Rev.*, 4:589-603.

Podschun R., Fischer A. et Ullmann U. (1992). Siderophore production of *Klebsiella* species isolated from different sources. Zentbl. Bakteriol., 276: 481–486.

Pospischil R., Szomm K., Londershausen M., Schröder I., Turberg A. et Fuchs R. (1996). Multiple resistance in the larger house fly *Musca domestica* in Germany. *Pestic. Sci.* 48: 333-341.

Pospisil J. (1958). Some problems of the smell of the saprophilic flies. *Acta Soc. Ent.Czechosloveniae*, 55: 316-334.

Prado MA., Gir E., Pereira MS., Reis C. et Pimenta FC. (2006). Profile of Antimicrobial Resistance of Bacteria Isolated from Cockroaches (*Periplaneta americana)* in a Brazilian Health Care Institution. *Braz. J. Infect Dis.*, 1:26-32.

***R*aetz C.R.H. et Whitfield C. (2002).** Lipopolysaccharide Endotoxins. *Ann. Rev. Biochem.* 71: 635-700.

Rahuma N., Ghenghesh K.S., Ben Aissa R. et Elamaari A. (2005). Carriage by the housefly (*Musca domestica*) of multiple-antibiotic-resistant bacteria that are potentially pathogenic to humans, in hospital and other urban environments in Misurata, Libya. *Ann. Trop. Med. Parasit.*, 99: 795-802.

Regué M., Climent N., Abitiu N., Coderch N., Merino S., Izquierdo L., Altarriba M. et Tomas J. M. (2001). Genetic characterization of the *Klebsiella pneumoniae waa* gene cluster, involved in core lipopolysaccharide biosynthesis. *J. Bacteriol.*, 183:3564–3573.

Renn N. (1995). Mortality of immature houseflies (*Musca domestica* L.) in artificial diet and chicken manure after exposure to encapsulated entomopathogenic nematodes (Rhabditida: Steinernematidae, Heterorhabditidae). *Biocontr. Sci. Technol.*, 5: 349-359.

Risueño F. N., Cardona E. M. et Otero B. M. (2002). Lectura interpretada del antibiograma de enterobacterias. Enferm Infecc Microbiol Clin., 20: 225-34.

Rivault C., Cloarec A. et Leguyader A. (1993). Bacterial load of cockroaches in relation to urban environment. *Epidemiol. Infect.*, 110: 317-325.

Roberts A.E., Syms P.R. et Goodman L.J. (1992). Intensity and spectral emission as factors affecting the efficacy of an insect electrocutor trap towards the house-fly. *Entomol. Exp. Appl.*, 64: 259-268.

Rogoff W.M., Gretz G.H., Jacobson M. et Beroza M. (1973). Confirmation of (Z)-tricosene as a sex pheromone of the house fly. *Ann. Ent. Soc. Am.*, **66**: 739-741.

Rosenstreich DL., Eggleston P., Kattan M., Baker D., Slavin RG., Gergen P., Mitchell H., McNiff-Mortimer K., Lynn H., Ownby D. et Malveaux F. (1997). The role of cockroach allergy and exposure to cockroach allergen in causing morbidity among inner-city children with asthma. *N Engl J Med.*, 19:1356-1363.

Roth L.M. et Willis E. R. (1957). The medical and veterinary importance of cockroaches. Smithsonian Misc. Coll. Vol. 134, no. 10.

Ruble R. (1986). Flies and Campylobacter. *Am. J. Public Health.* 12:1457.

Rueger M.E. et Olsen T.A. (1969). Cockroaches (*Blattaria*) as vectors of food poisoning and food infection organisms. *J. Med. Entomol.* 6:185-189.

Rust MK., Reierson DA. et Hansgen KH. (1991). Control of American cockroaches (Dictyoptera: Blattidae) in sewers. *Journal of medical entomology.*, 28: 210–213.

Sambrook J., Fritsch E.F. et Maniatis T. (1989). Molecular cloning: a laboratory manual, 2nd edition. Cold Spring Harbor Laboratory Press; Cold Spring Harbor, New York.

Schaechter M., Medoff G. et Eisenstein B. I. (1993). Mechanisms of microbial disease, 2nd ed. The Williams & Wilkins Co., Baltimore, Md.

Schmidt H. 2001. Shiga toxin converting bacteriophages. *Res. Microbiol.*, 152: 687-695.

Schmidt H., Beutin L. et Karch H. (1995). Molecular analysis of the plasmid encoded hemolysin of *Escherichia coli* O157: H7 strain EDL 933. Infect. Immun., 63: 1055-1061.

Schwartz H.J. (1990). Inhalent allergy to arthropods. *Clin. Rev. Allergy.*, 8:3-13.

Service M.W. (1996). House-flies and stable-flies (Muscidae) and latrine flies (Fanniidae), in "Medical Entomology for students". Chapman & Hall, London (pp. 140-149).

Seymour R.C. et Campbell J.B. (1993). Predators and parasitoids of Houseflies and Stable Flies (Diptera : Muscidae) in Cattle confinements in West Central Nebraska. *Environ. Entomol,* 22: 121-219.

Shaheen L. (2000). Environmental protection comes naturally. Pest Control 68: 53-56.

Shane S.M., Montrose M.S. et Harrington K.S. (1984). Transmission of *Campylobacter jejuni* by the housefly *(Musca domestica)*. *Avian Diseases,* 29: 384-391.

ShearsP. (2001). Antibiotic resistance in the tropics. Epidemiology and surveillance of antimicrobial resistance in the tropics. Transactions of the Royal Society of Tropical Medicine and Hygiene, 95: 127-130.

Simoons-Smit A. M., Verweij-van Vught J. J. et MacLaren D. M. (1984). Virulence of *Klebsiella* strains in experimentally induced skin lesions in the mouse. *J. Med. Microbiol,* 17:67-77.

Singh BR., Khurana SK. et Kulshreshtha SB. (1995). Survivability of *Salmonella paratyphi B var Java* on experimentally infected cockroaches. *Indian J Exp Biol.,* 5: 392-393.

Singh SP., Sethi MS. et Sharma VD. (1980). The occurrence of salmonellae in rodent, shrew, cockroach and ant. *Int J Zoonoses,* 1: 58-61.

Six D.L. et Mullens B.A. (1996). Seasonal prevalence of *Entomophthora muscae* and introduction of *Entomophthora schizophorae* (Zygomycotina: Entomophthorales) in *Musca domesticae* (Diptera: Muscidae) populations on California diaries. *Biological Control.,* **6:** 315-323.

Smith H.W., Green P. et Parsell Z. (1983). Vero cell toxins in *Escherichia coli* and releated bacteria: transfer by phage and conjugation and toxic action in laboratory animals, chickens and pigs. *J. Gener. Microbiolo.,* 129: 3121-3137.

Smith L. M. et Appel A. G. (1996). Toxicity, repellence, and effects of starvation compared among insecticidal baits in the laboratory for control of American and smokybrown. Thesis, University of London, 1974.

Smith L. M., Appel A. G., Mack T. P., Keever G. J. et Benson E. P. (1993). Integrated pest management effectively controls smoky brown cockroaches. Highlights of Agricultural Research. 40(2): 7.

Sramova H., Daniel M., Absolonova D.M., Dedicova D., Jedlickowa Z., Lhoto H., Petras P. et SubertovaV. (1992). Epidemiological role of arthropods detectable in health facilities, *J. Hosp. Infect.,* 20 281–292.

Sramova H., Daniel M., Absolonova V., Dedicova Dl., Jedlickova Z., Lhotova H., Petras P. et Subertova V. (1991). Epidemiological role of arthropods detectable in health facilities. *J. Hosp. Infect.,* 20:281-292.

Stefani S. et Varaldo PE. (2003). Epidemiology of methicillin-resistant *staphylococci* in Europe. *Clin Microbiol Infect.,* 12: 1179-1186.

Stek M., Peterson RV. et Alexander RL. (1979). Retention of bacteria in the alimentary tract of the cockroach *Blattella germanica. J Environ Health.,* 41: 212-213.

Suiter DR. (1997). Biological suppression of synanthropic cockroaches. *Journal of Agricultural Entomology,* 14: 259-270.

Syms P.R. et Goodman L.J. (1987). The effect of flickering U-V light output on the attractiveness of an insect electrocutor trap to the house-fly, *Musca domestica. Entomol. Exp. Appl.,* 43: 81-85.

*T*ajuddin A., Visvanathan S. et Balasubramanian M. (1993). Development and efficace evaluation of power predated insect trap. *J. Ent. Res.,* 17: 195-204.

Theiling K.M. et Croft B.A. (1988). Pesticide side effects on arthropod natural enemies: a data base summary. *Agric. Ecosys. Environ.,* 21: 191-218.

Thomas G. et Jespersen J.B. (1994). Non-biting muscidae and control methods. *Rev. Sci. tech. Off. Int. Epizoot.,* 13: 1159-1173.

Tomas J. M., Camprubi S. et Williams P. (1988). Surface exposure of the O-antigen in *Klebsiella pneumoniae* O1:K1 serotype strains. *Microb. Pathog.*, 5:141–147.

Trautmann M., Ruhnke M., Rukavina T., Held T. K., Cross A. S., Marre R. et Whitfield C. (1997). O-antigen seroepidemiology of *Klebsiella* clinical isolates and implications for immunoprophylaxis of *Klebsiella* infections. *Clin. Diagn. Lab. Immunol.*, 4:550–555.

Tsankova R.N. et Luvchiev V.I. (1993). Laboratory investigations on the larval zoophagy of *Ophyra capensis*: an antagonist of *Musca domestica*. *Appl. Parasitol.*, 34: 221-228.

Umannabuike **A.C. et Irokanulo E.A. (1986).** Isolation of *Campylobacter subsp. Jejuni* from Oriental and American cockroaches caught in kitchens and poultry houses in Vom, Nigeria. *Int. J. Zoon.*, 13:180-186.

Urban J.E. et Broce A. (2000). Killing of flies in electrocuting insect traps releases bacteria and viruses. *Curr. Microbiol.*, 41: 267-270.

USDA Report (1976). Control of insects affecting livestock. *USDA Agric. Res. Service Nat. Res. Prog.*, 2048.

Valenzuela A. S., Ben Omar N., Abriouel H., López R. L., Ortega E, Cañamero M. M. et Gálvez A. (2008). Risk factors in enterococci isolated from foods in Morocco: Determination of antimicrobial resistance and incidence of virulence traits. Food and Chemical Toxicology, 46 : 2648–2652.

Veal **L., Bath C. et Hutcheson D. (1995).** A comparison of the attractiveness towards houseflies of two lamps used in insect electrocuting traps. *Int. J. Environm. Health Res.*, 5: 247-254.

Wain **J., House D., Pickard D., Dougan G. et Frankel G. (2001).** Acquisition of virulence-associated factors by enteric pathogens *Escherichia coli* and *Salmonella enterica*. *Phil. Trans. R. Soc. Lond.*, *B.* 356: 1027-1034.

Waldor M.K., Friendman D.I. et Mekalanos J.J. (2005). Phages: Their role in bacterial pathogenesis and biotechnology. Ed. ASM Press. Washington DC.

Wallace G.D. (1971). Experimental *transmission of Toxoplasma gondii by filth-flies*. *Am. J. Trop. Med. Hyg.*, 20: 411–413.

Warnes M.L., et Finlayson L.H. (1986). Electroantennogram responses of the stable fly, *Stomoxys calcitrans*, to carbon dioxide and other odours. *Physiol. Entomol.*, 11: 469-473.

Watson D.W., Rutz D.A. et Long S.J. (1996). *Beauvaria bassiana* and sawdust bedding for the management of the house fly, *Musca domestica* (Diptera: Muscidae) in calf hutches. *Biological Control*, 7: 221-227.

Weinberg E. D. (1978). Iron and infection. *Microbiol.*, *Rev.*42:45-66.

West L.S. (1951). The Housefly, its Natural History, Medical Importance, and Control. Comstock Publ Co. Ithaca, N.Y. 584 pp.

Williams D.F. (1973). Sticky traps for sampling populations of *Stomoxys calcitrans*. *J. Econ.*

Williams P. H. et M. Roberts. (1985). Aerobactin-mediated iron uptake: a virulence determinant in enteropathogenic *Escherichia coli*? Lancet i:763. (Letter.)

Williams P. H. (1979). Novel iron uptake system specified by ColV plasmids: an important component in the virulence of invasive strains of *Escherichia coli*. *Infect. Immun.*, 26:925-932.

Willshaw G. A., Thirwell J., Jones A. P., Parry S., Salmon R.L. et Hckey M.

(1994). Vero cytotoxin-producing *Escherichia coli* O157:H7 in beefburgers linked to an outbreak of diarrhea, haemorrhagic colitis and haemolytic ureamic syndrome in Britain. *Lett. Appl. Microbiol.,* 19: 304-307.

*Y*innon A. M., Butnaru A., Raveh D., Jerassy Z. et Rudensky B. (1996). *Klebsiella* bacteremia: community versus nosocomial infection. *Monthly J. Assoc. Physicians,* 89:933-941.

*Z*hong C., Ellar D.J., Bishop A., Johnson C., Lin S. et Hart E.R. (2000). Characterization of a *Bacillus thuringiensis* delta-endotoxin toxic to insects in three orders. *J. Invertebr. Pathol.,* 76: 131-139.

Zurek L., Denning SS., Schal C. et Watson DW. (2001). Vector competence of *Musca domestica* (Diptera: Muscidae) for *Yersinia pseudotuberculosis. J Med Entomol.* 38: 333-335.

Zurek L., Shal C. et Watson D.W. (2000). Diversity and contribution of the intestinal bacterial community to the development of *Musca domestica* (Diptera: Muscidae) larvae. *J Med Entomol.,* 6: 924-8.

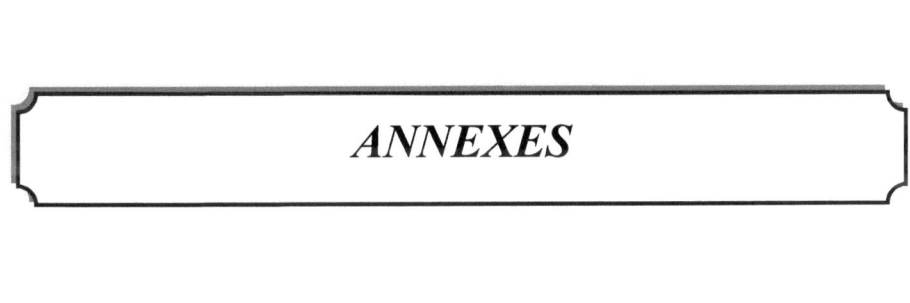

ANNEXES

ANNEXE I

Tableau A : Concentrations critiques et lecture interprétative pour les Staphylocoques (CLSI, 2007).

Antibiotiques	R	I	S
Linézolide	-	-	≤ 4
Vancomycine (*S. aureus*)	≥ 16	8 - 4	≤ 2
Vancomycine (non *S. aureus*)	≥ 32	16 - 8	≤ 4
Daptomycine	-	-	≤ 1
Pénicilline	≥ 0.25	-	≤ 0.125
Céfazoline	≥ 32	16	≤ 8
Gentamicine	≥ 16	8	≤ 4
Erythromycine	≥ 8	4 - 2 - 1	≤ 0.5
Clindamycine	≥ 4	2 - 1	≤ 0.5
Lévofloxacine	≥ 4	2	≤ 1
Cotrimoxazole	≥ 4/76	-	≤ 2/38
Oxacilline (*S. aureus*)	≥ 4	-	≤ 2
Oxacilline (no *S. aureus*)	≥ 0.5	-	≤ 0.25

Tableau B : Les dilutions d'antibiotiques utilisées pour les Staphylocoques (en mg/l ou en μg/ml).

					Numéro de la cupule					
1	2	3	4	5	6	7	8	9	10	11
Linézolide										
8	4	2	1	0.5	0.25	0.125	0.06	0.03	0.016	0.008
Vancomycine (*S. aureus*)										
64	32	16	8	4	2	1	0.5	0.25	0.125	0.06
Vancomycine (non *S. aureus*)										
64	32	16	8	4	2	1	0.5	0.25	0.125	0.06
Daptomycine										
2	1	0.5	0.25	0.125	0.06	0.03	0.016	0.008	0.004	0.002
Pénicilline										
4	2	1	0.5	0.25	0.125	0.06	0.03	0.016	0.008	0.004
Céfazoline										
256	128	64	32	16	8	4	2	1	0.5	0.25
Gentamicine										
256	128	64	32	16	8	4	2	1	0.5	0.25
Erythromycine										
64	32	16	8	4	2	1	0.5	0.25	0.125	0.06
Clindamycine										
64	32	16	8	4	2	1	0.5	0.25	0.125	0.06
Lévofloxacine										
64	32	16	8	4	2	1	0.5	0.25	0.125	0.06
Cotrimoxazole										
64/1216	32/608	16/304	8/152	4/76	2/38	1/19	0.5/9.5	0.25/4.75	0.125/2.375	0.06/1.1875

						Oxacilline (*S. aureus*)				
32	16	8	4	2	1	0.5	0.25	0.125	0.06	0.03

						Oxacilline (non *S. aureus*)				
32	16	8	4	2	1	0.5	0.25	0.125	0.06	0.03

Tableau C : Concentrations critiques et lecture interprétative pour les Entérocoques (CLSI, 2007).

	R	I	S
Ampicilline	≥ 16	-	≤ 8
Vancomycine	≥ 32	16-8	≤ 4
Daptomycine	-	-	≤ 4
Lévofloxacine	≥ 8	4	≤ 2
Linézolide	≥ 8	4	≤ 2

Tableau D : Les dilutions d'antibiotiques utilisées pour les Entérocoques (en mg/l ou en µg/ml).

Numéro de la cupule										
1	2	3	4	5	6	7	8	9	10	11
Ampicilline										
64	32	16	8	4	2	1	0.5	0.25	0.125	0.06
Vancomycine										
64	32	16	8	4	2	1	0.5	0.25	0.125	0.06
Daptomycine										
8	4	2	1	0.5	0.25	0.125	0.06	0.03	0.016	0.008
Lévofloxacine										
64	32	16	8	4	2	1	0.5	0.25	0.125	0.06
Linézolide										
8	4	2	1	0.5	0.25	0.125	0.06	0.03	0.016	0.008

Tableau E : Concentrations critiques et lecture interprétative pour les Entérobactéries (CLSI, 2007).

	R	I	S
Ampicilline	≥ 32	16	≤ 8
Amoxicilline-ac. Clavulanique	≥ 32/16	16/8	≤ 8/4
Pipéracilline-Tazobactam	≥ 128/4	32/4 – 64/4	≤ 16/4
Céfoxitine	≥ 32	16	≤ 8
Ceftazidime	≥ 32	16	≤ 8
Céfépime	≥ 32	16	≤ 8
Imipénème	≥ 16	8	≤ 4
Ertapénème	≥ 8	4	≤ 2
Méropénème	≥ 16	8	≤ 4
Gentamicine	≥ 16	8	≤ 4
Amikacine	≥ 64	32	≤ 16
Cotrimoxazole	≥ 4/76	-	≤ 2/38
Ciprofloxacine	≥ 4	2	≤ 1

Tableau F : Les dilutions d'antibiotiques utilisées pour les Entérobactéries (en mg/l ou en µg/ml)

1	2	3	4	5	6	7	8	9	10	11
					Numéro de la cupule					
					Ampicilline					
256	128	64	32	16	8	4	2	1	0.5	0.25
					Amoxicilline-ac. Clavulanique					
128/64	64/32	32/16	16/8	8/4	4/2	2/1	1/0.5	0.5/0.25	0.25/0.125	0.125/0.06
					Pipéracilline-Tazobactam					
256/4	128/4	64/4	32/4	16/4	8/4	4/4	2/4	1/4	0.5/4	0.25/4
					Céfoxitine					
256	128	64	32	16	8	4	2	1	0.5	0.25
					Ceftazidime					
256	128	64	32	16	8	4	2	1	0.5	0.25
					Céfépime					
256	128	64	32	16	8	4	2	1	0.5	0.25
					Imipénème					
8	4	2	1	0.5	0.25	0.125	0.06	0.03	0.016	0.008
					Ertapénème					
8	4	2	1	0.5	0.25	0.125	0.06	0.03	0.016	0.008
					Méropénème					
8	4	2	1	0.5	0.25	0.125	0.06	0.03	0.016	0.008
					Gentamicine					
128	64	32	16	8	4	2	1	0.5	0.25	0.125
					Amikacine					
256	128	64	32	16	8	4	2	1	0.5	0.25
					Cotrimoxazole					
64/1216	32/608	16/304	8/152	4/76	2/38	1/19	0.5/9.5	0.25/4.75	0.125/2.375	0.06/1.1875
					Ciprofloxacine					
128	64	32	16	8	4	2	1	0.5	0.25	0.125

ANNEXE II

Les compositions des milieux sont en grammes par litre sauf mention spéciale.

- **MacConkey** (gélose lactosée avec cristal violet)

Peptone de caséine	17
Peptone de viande	3
lactose	10
Mélange de sels biliaires	1,5
Chlorure de sodium	5
Rouge neutre	0,03
Cristal violet	0,001
Agar agar	13,5
Eau distillée	1000ml
PH	7,1±0.2

Mettre 51.5g de poudre dans 1litre d'eau distillée. Faire bouillir jusqu'à dissolution complète. Stériliser à l'autoclave à 120°C pendant 15 min. Ramener à 50°C puis couler en boîtes de Petri.

- **Gélose Nutritive**

Tryptone	10
Extrait de viande	5
NaCl	5
Agar	15
pH	7,4

Mettre en suspension 35g du milieu dans 1 litre d'eau distillée. Porter à ébullition lentement en agitant jusqu'à dissolution complète. Stériliser à l'autoclave à 121 °C pendant 15min.

- **Eau Peptonée Tamponnée (EPT)**

Peptone	10
NaCl	5
Phosphate disodique	9
Phosphate monopotassique	1,5
pH	7,0±0,2

Ajouter les ingrédients à l'eau distillée ou déminéralisée. Mélanger bien pour dissoudre. Distribuer et stériliser à l'autoclave à 121°C pendant 15 minutes.

- **Gélose Chapman mannité**

Peptone bactériologique	10
Extrait de viande de bœuf	1
Chlorure de sodium	75
Mannitol	10
Rouge de phénol	0,025
Agar	15
pH	7,4±0,2

Mettre 111g de poudre dans 1 litre d'eau distillée. Porter à ébullition jusqu'à dissolution complète. Stériliser à l'autoclave à 120°C pendant 15 minutes.

- **Gélose HEKTOEN**

Peptone pepsique de viande	12
Extrait autolytique de levure	3
Lactose	12
Saccharose	12
Salicine	2
Sels biliaires	9
Chlorure de sodium	5
Thiosulfate de sodium	5
Citrate ferrique ammoniacale	1.5
Bleu de Bromothymol	65mg
Fushine acide	40mg
Agar	13.5mg
pH	7.5±0.2

Mettre 75g de poudre dans un litre d'eau distillée stérile. Chauffer légèrement et laisser bouillir quelques secondes. Ne pas autoclaver, refroidir à 60°C et couler en boîtes de Petri.

- **Milieu Kligler-Hajna** (Lactose-Glucose-H_2S)

Extrait de viande de bœuf	3
Extrait de levure	3
Peptone	20
Chlorure de sodium	5
Citrate ferrique	0.3
Thiosulfate de sodium	0.3
Lactose	10
Glucose	1
Rouge de phénol	0.024
Agar	12
pH	7.5±0.2

Mettre 53.5 g de poudre dans un litre d'eau distillée stérile. Porter à ébullition jusqu'à dissolution complète. Bien mélanger et répartir. Stériliser à l'autoclave à 121°C pendant 15min. Refroidir en position inclinée, de façon à obtenir un culot de 3cm environ de hauteur, ainsi qu'une pente.

- **Milieu Citrate DE SIMMONS**

Sulfate de magnésium	0.2
Phosphate mono-ammonique	1
Phosphate bipotassique	1
Citrate de sodium	2
Bleu de Bromothymol	0.08
Chlorure de sodium	5
Agar	15
pH	6.8±0.2

- **Bouillon RAPPAPORT – VASSILIADIS SOJA** (RVS)

Peptone de soja	4,5
Dihydrogénophosphate de potassium	1,26
Hydrogénophosphate de potassium	0,18
Chlorure de magnésium, 6H2O	13,58
Chlorure de sodium	7,2
Vert de malachite	0,036
pH	5,2 ± 0,2

Verser 26,75 g de poudre dans un litre d'eau distillée. Chauffer doucement pour dissoudre. Répartir des volumes de 10 ml en flacons ou en tubes à bouchons vissés. Stériliser 15 minutes à 115°C à l'autoclave.

- **Gélose BAIRD-PARKER**

Tryptone	10,0
Extrait de viande de bœuf	5,0
Extrait de levure	1,0
Pyruvate de sodium	10,0
Glycocolle	12,0
Chlorure de lithium	5,0
Agar	20,0
pH	6,8 ± 0,2

Verser 63 g de poudre dans un litre d'eau distillée. Porter à ébullition jusqu'à dissolution complète. Stériliser 15 minutes à 121°C à l'autoclave. Laisser refroidir jusqu'à 50°C et ajouter stérilement 50 ml d'émulsion de jaunes d'oeufs avec tellurite (SR0054). Bien mélanger et répartir.

Les boîtes de Pétri ainsi préparées doivent être conservées à 2-8°C.

- **SANG** (Gélose de base)

Extrait de viande de boeuf	10,0
Peptone	10,0
Chlorure de sodium	5,0
Agar	15,0

pH 7,3 ± 0,2

Verser 40 g de poudre dans un litre d'eau distillée. Porter à ébullition jusqu'à dissolution complète. Stériliser 15 minutes à 121°C à l'autoclave. Pour une gélose au sang, refroidir le milieu à 50°C et ajouter 7 % de sang de cheval défibriné. Mélanger doucement par rotation et répartir.

- **ADN- BLEU de TOLUIDINE**

Tampon TRIS pH 9, 0.05 M	1000ml
ADN	0.3
Agar	10
CaCl2 0.01 M	1ml
NaCl	10
Bleu de Toluidine 0.1M	3ml
pH	8.6

- **Bouillon MUELLER-HINTON**

Infusion de viande de bœuf	300,0
Hydrolysat de caséine	17,5
Amidon	1,5
pH	7,4 ± 0,2

Verser 21 g de poudre dans un litre d'eau distillée et mélanger jusqu'à dissolution complète. Stériliser 15 minutes à 121°C à l'autoclave.

- **Gélose BILE ESCULINE**

Peptone	8,0
Sels biliaires	20,0
Citrate ferrique	0,5
Esculine	1,0
Agar	15,0
pH	7,1 ± 0,2

Verser 44,5 g de poudre dans un litre d'eau distillée. Porter à ébullition jusqu'à dissolution complète. Stériliser 15 minutes à 121°C à l'autoclave.

- **Bouillon COEUR-CERVELLE**

Infusion de cervelle de veau	12,5
Infusion de coeur de boeuf	5,0
Protéose-peptone	10,0
Glucose	2,0
Chlorure de sodium	5,0
Phosphate disodique	2,5
pH	7,4 ± 0,2

Dissoudre 37 g de poudre dans un litre d'eau distillée. Mélanger soigneusement et répartir. Stériliser 15 minutes à 121°C à l'autoclave.

- **Milieu UREE-INDOLE**

L-Tryptophane	0.3
KH2PO4	0.1
NaCl	0.5
Urée	2
Alcool à 95°	1ml
Rouge de phénol à 1%	0.25 ml
Eau distillée	100ml

Distribuer stérilement 0.5ml du milieu dans des tubes à hémolyse.

- **Milieu MANNITOL-MOBILITE-NITRATE**

Hydrolysat trypsique de caséine	10
Nitrate de potassium	1
Mannitol	7.5
Rouge de phénol à 1%	0.04
Agar	3.5
pH	7.6± 0,2

Mettre 22g de poudre dans 1 litre d'eau distillée. Attendre 5 min puis mélanger jusqu'à obtention d'une suspension homogène. Chauffer lentement en agitant fréquemment puis porter à ébullition jusqu'à dissolution complète

- Milieu LB Agar

Extrait de levure	5
Peptone Triptique de caséine (Tryptone)	10
NaCl	10

Agar bactériologique   15
Mettre tous les composants dans 1 litre d'eau distillée. Puis mélanger jusqu'à obtention d'une suspension homogène. Stériliser 15 minutes à 121°C à l'autoclave.

Printed by Books on Demand GmbH, Norderstedt / Germany

Krankenhauswahnsinn Diagnose: Überlebt

„Eine ironische Reise durch Wartezimmer, OP-Säle und Ploppgeräusche"

Verlag: BoD · Books on Demand GmbH,
Überseering 33, 22297 Hamburg,
bod@bod.de
Druck: Libri Plureos GmbH,
Friedensallee 273, 22763 Hamburg
ISBN: 978-3-8192-9820-2